風格餐廳

創業学。

全方位解析18家特色餐廳、小酒館

從品牌定位、空間氛圍設計到MENU規劃、超人氣料理設計
打造出讓人想一去再去的「高回頭率經營法則」！

U0020485

Restaurants
& Bistros

18選

LaVie+麥浩斯

Part 1

高人氣風格餐廳的品牌經營心法

Part 2

四大風格
餐廳／餐酒館

歐陸風格

當代混血

自然生活提案

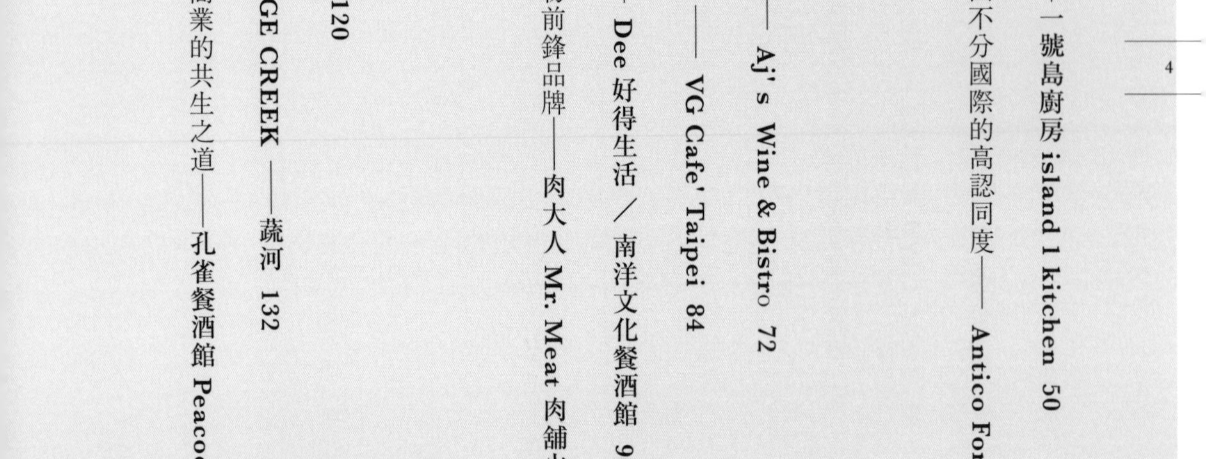

台味正潮

Plus+ 特殊用餐體驗

Part 1

高人氣風格餐廳的
品牌經營心法

一家讓你願意一去再去的風格餐廳

每個人心裡多少都有這麼一家餐廳——覺得氣氛滿點、空間舒適、料理能讓你由衷地感到滿足、美味，那裡的人員服務也總是恰到好處，三不五時會去造訪，若有朋友問起一定會推薦給他的一家店——這是每個創業開店者的夢想，一手打造出既符合自己的理想，又能受到消費者的認同，獲利穩定的餐廳。

滿足開店基本門檻還不夠，將能否讓優勢最大化，才是存活下來的關鍵

根據經濟部公布統計，餐飲業於2018年上半年營收2355億元，年增4.7%，創近7年最大增幅，隨外食人口的大幅增加，以及網路社群媒體病毒式快速資訊散布，餐館業的家數更呈現逐年增加，但同時，新開店的汰換率也高居不下。因為現在的消費者不但要吃得好、吃得巧，在一頓用餐的時間裡，最好還能讓口腹之慾、心靈上的感情需求，一次全面性地獲得滿意——因此當一家店僅僅是做好餐點，已不足以吸引消費者的再三光顧；若無法培養出回頭客群，僅仰賴新鮮感或折扣優惠，新開店很容易在初期的半年至一年間，就遭到市場淘汰。在競爭激烈的紅海中，想要勝出存活，想想你的市場優勢是什麼，如果沒有，該如何找到，甚至是自己開發一個全新的利基點？

品牌化經營思維：確立定位，打造獨一無二的品牌風格

做為餐廳經營者，單單計算翻桌率、客單價，做價格競爭已不再是獲利的萬靈丹，在一個消費者願意花更多錢來換取更好的飲食品質的時代，更重要的是，先思考找出自己的定位，若能將 家餐廳當做一個完整的品牌來經營，確立出品牌的核心價值，再逐步發展出自家的風格特色——讓餐廳的每一個環節，從菜單設計、餐點規劃、空間氛圍、餐酒搭配、服務方式，通通成為形塑品牌價值觀的一部分；而當定位、風格越明確，越能吸引到一群和你擁有相同價值觀、認同餐廳理念的死忠客戶，形成穩定而正向的獲利模式。

創業路上的大魔王：開店後的維繫營運

當然，好的餐飲形式與服務，自然容易被同業模仿複製，開店後也許市場上很快就會出現同質的競爭者，加上消費者需求來向多變，喜愛新鮮的事物。好不容易才將理想中的餐廳實現，如何長長久久地經營下去？對應市場的變化衝擊，經營者能否一邊維持一定水準的服務，確保人力、食材、餐點的品質穩定，與客人培養出有黏著性的互動關係，同時間，也在各個層面上持續提升、創新，讓餐廳品牌與時俱進地有所成長、發展進化，才是創業路上最困難而重要的關卡。

從經營品牌的角度思考，不要短視近利，餐廳的生命才能長久。一家好的餐廳能帶給消費者在用餐之外，更多的感動與附加價值！

創業開店的流程與思考重點

本書精選全台18間定位精準、風格強烈，深受消費者好評、營運狀況穩定的餐廳／餐酒館，在一次次的深度訪談中，每位品牌經營者都將曾自己的失敗與成功的經驗大方分享給想投身餐飲領域的創業者，此篇章將從餐廳品牌建構、發展過程的三大階段——**創業前**、**創業初始**、**品牌成長期**，詳列出每個階段的思考重點以及開店、菜單構成的流程介紹。

創業前

思考重點

◆ 仔細思考自己創業開店的初衷、要傳達的價值觀是什麼？

◆ 每天詢問自己是否真的要做這件事？理由是什麼？

◆ 是否已經擁有足夠的專業知識——料理專業技術與外場服務、管理營運經驗？如果不足，如何補足？自己缺乏的部分，若是想以招聘人力進行，你能管理自己不熟悉的領域嗎？

建議

◆ 不論原先是在哪一個領域的學習專業／工作，前輩們建議最好累積一定的工作經歷後，再行創業開店。一方面可以多累積人脈，增廣自身視野，另一方面所有在職場上累積的經驗和生活體驗，都會成為你日後創業時的養分，和解決問題的應變能力。

◆ 餐飲業的真實面是日復一日的實戰工作、體力活，每天都要面對不同客人的情緒反應，確定自己真的適合這樣的工作性質、想清楚之後再開始也不遲。

創業初始

思考重點以及流程

◆ 列出一家或數家你心中理想的餐廳 model，思考整理出此品牌的優勢或成功關鍵，你能學習複製的地方是哪些？

◆ 進行市場觀察與調查，決定餐廳／品牌的核心概念，列出競爭對手，找出你的市場定位、利基點為何？

◆ 餐廳類型與規模設定——店面大小、目標客群、營業時段、翻桌率是高或低（註）

◆ 製作創業計畫書與預算、損益表

◆ 資金的籌備（創業資金＋營運資金＋週轉金）

◆ 尋找店面、空間裝修

◆ 菜單的建立（詳細流程請見P.13）

◆ CI 或 LOGO 規劃，menu、名片等周邊小物設計與製作

◆ 招募人力

⬅

◆ 開始經營行銷／活動／社群媒體，開幕宣傳

◆ 正式開業前的員工訓練，所有營業事項確認

◆ 設定試營運期，檢討調整不完善之處，正式開幕

⬅

關於資金的建議

◆ 隨著開店的規模大小，影響你所需的創業資金多寡，盡可能讓所需資金到位，建議準備至少三個月至半年的營運資金，以避免剛起步即面臨週轉不靈，被錢追著跑的窘境。

◆ 付款條件的設定與週轉金：客人付款是否只收現金？支付給廠商的貨款是 30 天、60 天還是 90 天期？現金流量管理非常重要，並最好還是備有一筆預備週轉金，假設營收不佳還有週轉金可支付所有支出，度過危機。

◆ 要獨資經營還是與人合資？合資是單純借款、調度資金，還是邀請對方入股？股東對於店面經營方向是否有權介入，建議白紙黑字合約寫清楚。

◆ 外部資源——政府輔導補助貸款：除了向親友借款、找股東入股，政府推出的創業補助貸款也是很好的資源，例如中央政府的啟動金貸款、台北市青年貸款、微型鳳凰貸款……等，申請條件與金額各不相同，但大部分是針對已開業者所設立的。

關於人事的建議

◆ 初次創業者，開店大小事最好都親力親為，以便於管理，或日後有任何問題、漏洞發生，你必須是最了解狀況的人，才能立即反應處理。

◆ 不少餐飲創業夥伴是主廚與營運經理的組合，需尊重彼此的專業、建立平等的信賴關係才能走得長遠。

關於行銷的建議

◆ 不要想著要討好所有人或是一次滿足各種市場需求，專注做好自己的小眾市場，先獲得核心消費者的認同，自然會形成良好的口碑，當好的用餐經驗被分享，漸漸擴大至不同的消費族群，是最自然而有說服力的行銷模式。

◆ 善用外部資源，例如線上訂位／訂餐系統、美食 APP 程式，或是網路餐飲服務平台的合作，增加曝光度與來客率。

綜合建議

◆ 開業後，可視市場反應與營運狀況，調整餐點方向和資金支出的比例，但切記不能犧牲餐點與服務品質。

◆ 不論規模大小，作業流程 SOP 的設立都是必須，便於管理、執行、確保餐點與服務的品質。

◆ 廚房空間規劃時，請將安全性、食品衛生管理的需求一併納入，如工作動線、食材保存所需設備的空間……。

◆ 最後，在規劃藍圖裡沒有絕對，觀察市場脈動，找出適合自己的方式，留下能調整的彈性。

註：

目標營業額＝單筆客單價 × 單日來客數 × 每月營業天數

單日目標營業額＝預想客單價 × 單日來客數

單日來客數＝座位數 × 翻桌率 × 座位使用率（一般餐飲業約為70%）

品牌成長期

思考重點

◆ 品牌優勢或成功關鍵在於：服務附加價值高、商品獨特性、定價策略成功、行銷模式，從這些點檢視自己的不足之處為何？

◆ 是否能提供給消費者更高的服務附加價值？

◆ 營運型態是否要擴大服務範圍或轉型？例如增加外送或製做料理包、提供外燴服務，或是提高餐點品質與客單價，轉型成更加精緻的餐廳品牌……等。

◆ 是否要進行新的餐飲品牌或開發商品線／服務？

建議

◆ 營運進入穩定期，維持服務與料理商品的良好品質為第一要務。

◆ 一般個人創業者在初期為減少支出，皆一人飾多角，經營、管理、行銷通通自己來，但當品牌規模漸長，對外的品牌形象和行銷語言越顯重要，行銷經營的支出／人力需視為必要項目。

◆ 若要設立分店，可先評估自己的餐廳風格與餐點形式，進入不同地域或營運系統時，面對完全不同的客群與市場需求，都是可行的嗎？例如經營街邊店和進駐百貨專櫃，台北和台南的店面，皆有其各自的市場模式，很難一套打到底。其次是資金規模、管理系統、中央廚房配送物流的建立，都需一次到位。

◆ 餐飲業人員流動率高，工作辛苦、大量的體力活是原因之一，另一方面是因為在同一家餐廳通常較難有建全的升遷機會。故當你的品牌越見穩定成長，經營者也需思考對於員工未來的規劃和培育，讓好的人才可以為品牌帶來更好的互動與成長。

餐廳的商品力——菜單構成

菜單，是彰顯你和其他店家不同之處，最明確重要的商品力（附加價值），料理開發流程與價格、品項的設計重點如下：

料理開發的重點

◆ 食材特色——在地、當季、限量、有機、健康……。

◆ 感官上的刺激——份量感、擺盤設計、特別的桌邊服務、香料的使用、料理過程的香氣

◆ 設計本店獨家的招牌料理——一組「來店必吃」的特色套餐，或是3～5道招牌料理飲品，做出和其他餐廳的差異性。

◆ 輔助性的菜色定期更換，計畫更換頻率（季節性、每日或期間限定）。

◆ 招牌料理的宣傳方式——社群媒體、店內顯目的告示（小立牌、單張菜單、小黑板）、服務人員的推薦、餐酒搭配、套餐設定、優惠活動……。

料理價格制定要點

◆ 成本——食材、人力、水電瓦斯等

◆ 周邊餐廳、市場的行情價格

◆ 若想制定比周邊行情還高的價格，是否有創造出相對應的價值感？

菜單的建立流程

餐廳的核心定位確認
⇦
發展菜單的概念
⇦
列出構想到的菜色
⇦
實際試做
⇦
料理成本計算
⇦
訂出客單價與單品料理的價格

⇦
調整菜單架構、舉辦試吃會
⇦
思考份量與價格、料理名稱
⇦
決定料理的數量
⇦
製作菜單
⇦
編製食譜（SOP）

Part 2

四大風格

餐廳／餐酒館

Restaurants & Bistros

歐陸風格

PLAN B

歐陸街頭市集小酒館

非典型餐酒館
街邊更自在的 Fusion 滋味

意外機緣下開設的 PLAN B，
如其名般不按牌理出牌，
打破餐酒館的既定印象，
以 Bistro 餐飲模式
結合歐洲城鎮中常見的露天市集概念，
讓用餐體驗更愜意自在！

文・陳慧珠　攝影・張藝霖　圖片提供・PLAN B

PLAN B 歐陸街頭市集小酒館

店址／台北市大安區敦化南路一段 187 巷 46 號 1 樓
電話／ 02-2731-0855
Web ／ www.facebook.com ／ planbtaipei ／
營業時間／周一至周六 14：30 ～ 24：00
周日 14：30 ～ 22：00
目標客群／ 20 ～ 40 歲、大學生、上班族、品酒愛好者

人來人往的台北敦化南路巷弄，正是餐酒館的一級戰區，琳瑯店招競相往前延展，引人目光。目不暇給中有一小段灌木綠植空隙，兩座老舊橡木酒桶穩穩立在古銅鏤空門欄邊，刻著PLAN B古典字樣的弧形厚木板，像極酒桶上等待細細閱讀的酒標，讓人錯以為行走在歐洲某個街頭轉角。Jo王嘉欽和Bokey，20多年前分別在東區開餐廳起家的同行，多年後一個成為大學餐飲系教授身兼經營顧問，一個是打造多家熱門餐廳的主理人。因緣際會成為工作夥伴，回到兩人事業起點所在，用PLAN B開啟第二人生精彩B計畫。

從「一家店」到「一個品牌」的思考

PLAN B的成立過程說來和許多店家不太一樣。現任房東原有開店計畫，主動連絡成功經營多家不同類型餐廳的Jo和Bokey。兩人看到露天空地，「大部分有戶外空間的餐酒館都開在郊外，在台北市中心要有如此環境真的不容易。」經驗的敏銳直覺讓他們有了結合歐陸街頭市集的雛型想像。說服房東以入股方式合作，將空間租給兩人實現構想。這個計畫之外的發展，兩人決定以「PLAN B」為名，也做為更大計畫的起點，Jo表示「將這裡定位成歐陸街頭市集，未來還想延續更多有趣的結合，發展Plan C、Plan D，創造出品牌，不再只是做個單一的餐廳。」

質與量的平衡挑戰

儘管餐飲經營經驗深厚，每開一家新店仍不免有挑戰。「我們

A PLAN B 將舊橡木酒桶改裝為戶外用餐的桌面，讓人彷彿身置歐陸街頭的小酒館，輕鬆自在地享用美食。

B C 周末晚間不時安排薩克斯風演奏，或邀請魔術師於桌邊表演，為來客主動創造驚喜。

預想 PLAN B 的客層是大學生、上班族等年輕族群，開店後卻意外發現一些高消費的族群也會來。另外，夏天時坐在戶外的幾乎都是外國客人。」當開店前的定位與實際營運狀態出現差距，在各方面皆須跟著現實情況調整，從客層單價到菜單設定，餐廳花了半年時間才慢慢達到最佳狀態，「最大的改變是產品的『質』變得比『量』更重要。」Jo 表示。

呼應街頭市集的閒適，每天下午時分營業，正好適合午後想

用點小食的客人，緊接著晚間，學生或上班族的聚會才要開始，PLAN B格外重視情境氣氛塑造，特別規劃週五晚間有薩克斯風的現場演奏，迎接週末，也不定時邀請魔術表演，雖然是幾小時短暫用餐，主動創造驚喜，盡能帶給用餐的客人們快樂輕鬆的時光。

多樣性的料理品項，滿足不同需求的客群

決定街邊餐酒館的型態，餐點方向兩人也打定主意「不走特定菜系、不做套餐」，以Fusion歐陸混和料理為主軸，融合國外街邊小吃的特色。「現在的消費者忠誠度低，追求新鮮感，所以店家也要一直有轉變。好吃已經是最基本，視覺上也要讓人有驚豔的感覺。」一句話道出現在經營餐廳的關鍵和最大挑戰。PLAN B不斷嘗試要做出別人沒有的特色餐點，新菜色推出頻率高，選項從主食、飯麵、小食、沙拉、肉盤一應俱全，大份量還能多人共享，滿足年輕客群口袋可能沒有這麼深，卻想一次點多道料理的嚐鮮心理。

另一方面，因為客層中也不乏高消費族群，因酒類搭配也是PLAN B強項，加上空間氛圍到味，吸引不少酒商或品酒同好常在此舉辦品酒會。翻開厚厚一疊酒單，比利時現壓生啤酒、金色三麥系列啤酒，到不同品種風土產區、酒莊的紅、白酒，跨度之廣，佐餐更盡興。戶外吧檯由調酒師自行變化調酒，滿足不同客層的飲品偏好。

空間風格轉化，兼具開放與私密感

PLAN B在空間規畫上，也是順著環境本身條件的優勢，以歐陸街頭市集情境出發，兩人甚至連設計都不假他人之手，將構想找人畫好施工圖，再請熟識的工班施工，開店籌備期從企劃到現場裝潢完成，只花了一個半月。

戶外露天座位區設有一道可收納的純白遮陽棚，隨著日光天候變化或收或開，讓人悠閒享受白天的陽光與夜晚的徐徐涼風。自戶外吧檯走入室內時，氣氛瞬間轉變，眼前的弧形拱廊貫穿整個用餐空間，紅磚牆、原木酒箱堆疊……彷彿自喧鬧的市集中，走入古老的歐洲酒窖中。「我們很喜歡歐洲建築隨時間累積所呈現的歷史感，因此在室內的裝修沒有很大的變動，藉由收藏的老件進行改造陳列，例如讓老家具展現出其紋理質地，自然而然形塑出時間的流逝感。」

空間之外，聲音也是餐酒館的另一種表情，平時主要以客群年齡層較多共鳴的西洋流行樂為主，再隨著每天用餐時段不同轉換，夜晚或週末即流動著輕快Jazz和慵懶舒適的Bossa Nova。

D E 室內空間以紅磚牆、原木酒箱堆疊，與自家收藏的老件家具，營造出古老的歐洲酒窖的氛圍。

理想與現實的拉扯，堅持正面思考是不二心法

Jo回想整個開店過程：「Bokey是學美術出身，裝潢就交給他，他有他的美感。但是營運管理的流程，他就不會多說一句。」彼此分工清楚也互相尊重信任，合作起來自然流暢速度也快。Jo也打個有趣的比方，「Bokey是開拓者，往前探勘，找場地找資金。我是拓荒者，把樹砍掉，在裡面開墾。」

針對時下許多人想創業，投身餐飲經營顧問多年的Jo也分享切身經驗，「通常初期會有一段掙扎磨合期。資金一定要先到位，邊營運邊被錢追著跑是很痛苦的，影響心情，連帶影響整個餐廳的餐點或服務品質。」店開成了，人事營運還是一大哲學，PLAN B工作人員都很年輕，「一定要跟員工一起學，一起操作。讓員工相信上位者是真材實料，被管理才會服氣。」當一切都漸漸上軌道，還有考題需要面對。「實際開店後，思考絕對要正面。剛起步還賺不到錢，很多人會開始

沒有百分之百賺錢的餐飲品牌，服務跟餐點品質是不能變動的重要核心

擔心做不下去，想偷工減料，當你開始縮減人事或物料，心態只會越沉淪。服務跟餐點品質絕對不能變，要比人家好，就需要行銷。」Jo說得實際而直接。

「而維持自身特色和主力產品，其實最難。」Jo謙稱即使到現在，PLAN B也還在創造。無妨，因為PLAN B本來也是新起點，接下來的路上還有很多等著兩人顛覆翻玩。

F 廚房團隊與Bokey（右）。

G H PLAN B的酒類品項豐富，從現壓生啤酒到不同品種風土產區、酒莊的紅、白酒，還有戶外吧檯區，由調酒師坐鎮，提供創意調酒，滿足不同客層的飲品偏好。

G

H

PLAN B 的創辦人 (左起)Bokey、王嘉欽與經理。

PLAN B 歐陸街頭市集小酒館

三大獨特特色

01

餐酒館風格定位以台北市中心少見的露天形式為主，結合多元的音樂表演或活動，如戶外BBQ派對，將歐洲城鎮中常見的廣場市集氛圍帶入，提供更愜意的餐飲體驗。

02

無套餐設定，菜色混搭不同菜系，設計多道適合「多人共享」的餐點，份量較一般餐酒館更豐盛，滿足團體客聚會的需求。

03

室內空間如歐洲酒窖的氛圍到味，且可區隔出私人包廂空間，加上酒藏豐富，酒單選擇跨度廣，是品酒會的絕佳場地。

01
藍色夏威夷特調

NT$280

PLAN B 酒單上的今日特調，調酒師不定時推出新酒單。改良 Long island 為基底，加入藍柑橘酒、水蜜桃酒跟柳橙糖漿調和。口感像黃藍對比酒體，強烈具個性。

02
玫瑰荔枝小婊子特調

NT$280

熟客限定特調，伏特加為基底，混入荔枝酒，點綴檸檬汁帶出清新質地。胭脂莓果唐寧茶，渲染清透粉調色澤。口感酸甜滑順，新鮮玫瑰花瓣，酒香花香迎面雙重嗅覺享受。

PLAN B 歐陸街頭市集小酒館

Signature Dishes

03
比利時
時代生啤酒 Stella Artois

330ML NT$220、500ML NT$280

最暢銷的鮮釀拉霸生啤酒，以專屬冷凍酒杯承裝，啤酒花輕巧，清新麥香夾帶些許果香氣味，不論男性女性都相當受歡迎。搭配風味濃郁的拼盤或肉類餐點，相得益彰。

PLAN B 歐陸街頭市集小酒館

Signature Dishes

04

路易國王豪華烤肉拼盤

NT$880

分量澎湃的四大天王肉盤，家庭用餐、三五好友聚會必點，客人指名率最高！一次能品嚐到多種肉品與口感風味，與生啤酒是完美絕配：微辣肯郡香料醃漬雞翅；油脂豐厚的煙燻櫻桃鴨；先以醬汁醃漬雞肉入味，再烤過的剝皮辣椒雞肉捲；主廚嚴選義大利籍職人手做香料肉腸，後腿肉為主，脆口紮實，僅止一家，別家吃不到的特殊風味。

05

剝皮辣椒雞腿肉細扁麵

NT$330

這道招牌義大利麵，是主廚嘗試了多種中式食材，最後才選定以花蓮剝皮辣椒入菜。先將雞腿肉以低溫舒肥至內外軟嫩多汁，再以剝皮辣椒與醬油煸炒出特製醬汁，鹹香誘人，最後加入寬的細扁麵，讓麵體吸附飽滿醬汁，高識別度的特殊滋味，深具記憶點。

06

烤牛肉溫泉蛋沙拉

NT$380

水份飽足的蘿蔓，混和口感微辣的芝麻葉，再鋪上主菜── Choise 等級的烤牛肉及水波蛋，隨意撒醃漬黑橄欖。品嚐時，輕劃開半熟的蛋黃，濃稠的蛋汁就著香嫩的牛肉入口，多層次香氣和食材口感，值得細細品嚐。

OPEN DATA

營業基本DATA

每月目標營業額：200 萬元

店面面積： 120 坪

座位數：120 個

單日平均來客數：150 人

平均客單價：500 元

開店基本費用

籌備期：籌備企劃期 3 個月
建置期 1 個月

房租、押金：18 萬／36 萬

預備週轉金：200 萬

空間裝修費用：250 萬
（包含改結構、裝潢、設計費）

家具軟件、餐器用具費用：100 萬

廚房設備費：100 萬

初期料理試做費用：10 萬

CI 或 LOGO 規劃、menu 等周邊小物設計與製作費用：20 萬

行銷物資費用：初期 10 萬，營業時每月 2 萬至 5 萬
（網路行銷經營）

每月營業支出占比

- 店面租金　15%
- 水電、網路　5%
- 食材、酒水成本　30%
- 人事　30%
- 行銷經費　10%
- 雜支　5%
- 空間、設備折舊攤提　5 %

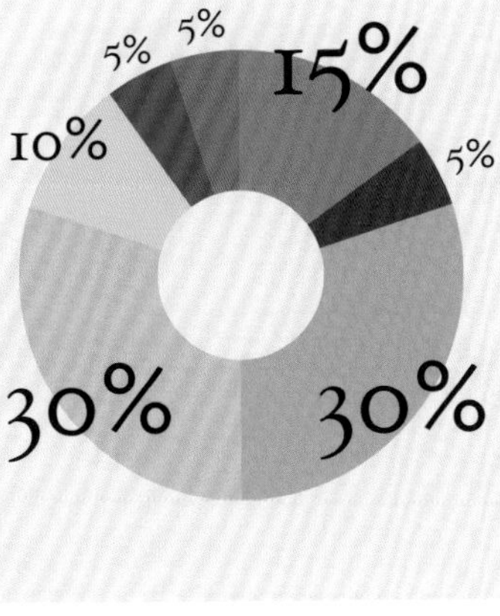

每月營業收入占比

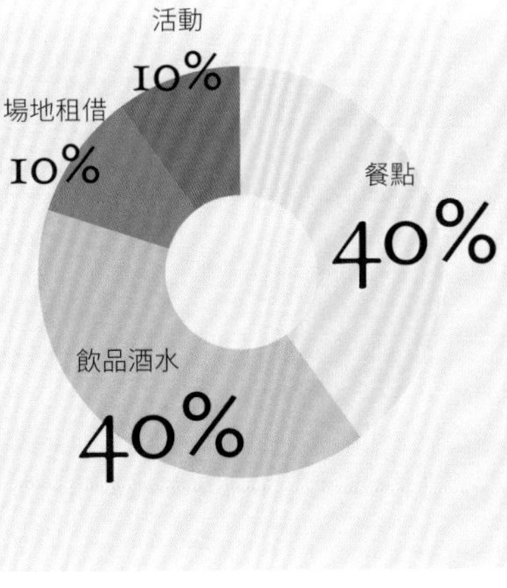

GUIDE
TAIPEI
純米大吟醸
広島
Fu.

歐陸風格

頁小館

RESTAURANT PAGE

國際菜在地魂
大人小孩都愛的新式Bistro

以書頁為名，
頁小館自許作料理的說書人，
這個獲選2018米其林台北
指南餐盤推薦的餐館，
堅持原創精神，不拘一格，
解構國際餐食，
以在地文化入菜，輕鬆享食，
吃得到故事與趣味。

頁小館 RESTAURANT PAGE

店址／台北市中山區北安路595巷20弄4號1樓

電話／02-2532-8003

Web／www.restaurant-page.com
www.facebook.com／restaurantpagetaipei／

營業時間／周一至周日 11:30～14:30；17:30～21:30

目標客群／28～40歲 美食愛好者、家庭

文・吳書萱 攝影・張藝霖

隱身在台北大直熱鬧街區的靜巷裡，大片純白玻璃窗櫺是識別標誌，2016年頁小館在此敞開藍色大門，也開啟了台北Bistro小館的新篇章。頁小館的「頁」指的是「書頁」(Page)，「每一道料理都蘊含著故事」，小館第一頁這樣起頭，自詡為「說書人」是掌杓的蔡斌翰和主理品牌行銷營運事務的Norman，一主外一主內，背景相異的兩人卻是最佳拍檔。

清楚自己的定位，專注一致

正統餐飲科班畢業，多年頂級飯店經驗洗鍊，曾在專門學校教授料理，蔡斌翰卻無意於Fine Dining的金字塔裡爭鋒，「料理的世界，不是只有在Fine Dining的領域中獲得第一名，才是最好

的。」料理做得再極致，卻無法讓身旁家人理解、享受，似乎已沒有意義。因此他回歸烹調者的初心，放下精修究極的刀，想打造一個能提供「不論是誰，皆能輕鬆共享、品味的美好用餐經驗」的空間。醞釀此想法時，恰好與同在一個廚房工作、音樂人出身的Norman理念相通，決定合夥創業。

選擇開店地點時，他們避開一般商圈，想與人聲鼎沸、繁華都市保持「剛剛好」距離，目標從生活氛圍濃厚的區域出發，「機運問題再加上各種營運考量，先前在找點上花了不少時間，最後落腳大直，我們覺得這個社區很理想，人潮雖不比鬧區，但在地客群特質與我們的設定一致，又有鄰近的內湖園區和新興移居家庭的嚐鮮客。」Norman表示。因

積累了豐富的餐飲經驗，資源設備自然不愁管道，菜單的設計也早已掌握在腦中，新生創業，故兩人一致認為「品牌定位」才是最需要被優先考慮，「定位一定要清楚，仔細衡量自己才能有效運作。」Norman 念茲在茲，策略脈絡如今還劃記在餐廳牆面上，時刻檢視作為。

新解台西料理元素，原創吃出文化趣味

「優雅但可以不拘一格，用餐感到輕鬆，還能吃得到文化、趣味。」蔡斌翰為頁小館定下料理主軸。他鑽研出的「台味西菜」，不走咬文嚼字的手法，取擷生活靈感，活用台灣在地食材，藉著扎實的西式烹調技法底子重新詮釋，翻攪出火花四溢的新料理意象。「不是為了特別而特別，但

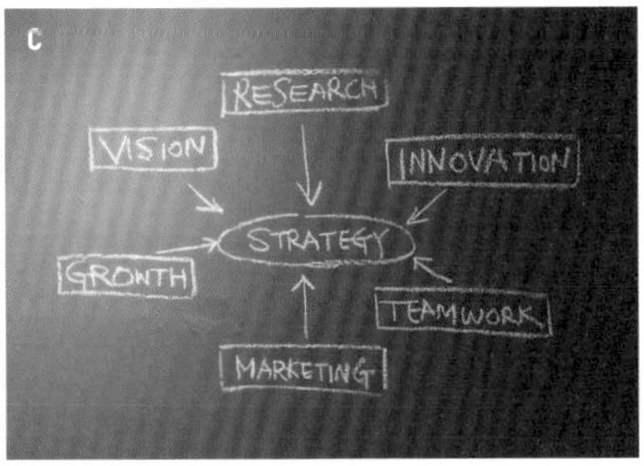

A B 頁小館以搶眼的藍作為空間主色，由外至內調性一致，如今這個藍已成為其品牌的最大的視覺標誌。

C 兩人將最初思考品牌定位時的脈絡藍圖，畫在餐廳的牆面上，時刻提醒自己。

我們想做在別的地方絕對吃不到，屬於頁小館自己的味道」蔡斌翰解釋。代表作「桶仔桂丁雞燉飯」，源自於主廚一次食用台灣鄉間桶仔雞後有感，起心改造，利用低溫烘烤，鎖住桂丁雞特有的清甜，再將凝縮的雞高湯油脂燉煮米飯，隨時節搭配鮮蔬，秋冬是栗子，春夏則用鮮筍或茭白筍，義式燉飯的道理不變，品味的卻是本土風情，加上大手筆選用小半雞，視覺分量格外滿足。

另一道廣受歡迎的下酒菜「黑白切」，台式食材為底，卻拌入法式鄉村菜靈魂，油封後的內臟以鮮爽沙拉呈現，佐芥末子醬與咖哩白花椰，別有滋味。「在菜單結構上，我們試圖模糊主菜、小食和麵飯的界線，希望打破正統西餐一人一份、一次一道的格式，頁小館鼓勵共享，作到滿桌

D

的豐盛澎拜。」Norman 解釋。不僅如此，餐桌上還提供筷子，方便客人們食用，也拉近彼此食物與人的距離，蔡斌翰說：「我們覺得何必侷限於用餐方式，大家能自然享用美食不是更令人開心！」

以日本酒作為主打，提供全新的餐酒經驗

頁小館也打破西餐佐葡萄酒的普遍認知，Norman 大膽選用日本酒作為餐酒主力。「從我們的定位延續而來，日本酒以米為本，與台灣文化相近，又和原創料理風格搭出新意，儘管可能有風險，但覺得是充滿機會的藍海，值得一試。」飲食發展精進變化，日本酒的口感滋味早已多元豐富，Norman 特別崇尚創新翻轉精神，精選的日本酒品牌多是由第二、三代經營，不僅從酒標設計就能感受到新鮮的氣息，頁小館更特別提倡使用葡萄酒杯來品酩，讓酒體的香氣表現更加鮮明。

酒單上的一大亮點還有精釀啤酒，一次收羅了丹麥、瑞典、英國、日本和台灣的私家口味，幽默的命名如「舞棍阿伯」、「耳朵癢癢的」……，入口之前便帶來許多想像樂趣。保持開放心態，頁小館也不時跟葡萄酒展、餐酒推廣組織合作活動，串聯行銷力度，擴展知名度。

五感全開，細膩服務抓住熟客的心

除了有形的「產品力」，頁小館也注意到「無形」體驗的影響力。第一，設置開放式的廚房，食物香氣自然發散，誘惑饕

F

E

客脾胃。再者，用餐時的音樂背景——Norman對店內播放的樂音非常講究，他會觀察每一天不同時段的氣候、來客族群和氣氛決定音樂類型，「輕快的午後是西洋流行樂，熟齡客多的時候會放Jazz，熱鬧的晚上只要來點House，大家立刻悄聲下來，用餐心情舒服許多，我非常相信聲音與氣味之於場所的作用。」

而對於餐飲業常見的服務品質問題，頁小館則預先作準備，「開店之前，我們就已經組成團隊，有了基本班底，彼此之間很有默契，我認為這對創業能不能成功是一大關鍵，營運至今我們幾乎沒有人員流動。」從廚房轉至外場，Norman自謙仍在努力學習，「一般Bistro酒館給人的印象比較有個性甚至帶點冷傲，那不是我們的風格，我是以招待自己朋友用餐作為標準，友善親和，不帶壓力也不刻意討好，我會要求同仁在互動時記得客人的喜好習慣。」看得是長遠而非當下，頁小館在網路幾乎一片好評，熟客比率穩定，且跟在地社區建立起情誼。「很多我們的客人都像朋友一樣，事業有成的他們還會與我分享成功之道。服務為我們創造口碑，是我們很珍惜的價值。」

面對米其林肯定光環，更需自我檢視迎接新挑戰

看似順利的創業過程，背後是

D 因Norman的音樂人背景，非常注重用餐時所音樂背景，會隨時觀察來客性質與當下氣氛，機動性更換音樂類型。店內角落也加入了音樂相關的陳列和裝飾。

E 頁小館打破西餐佐葡萄酒的普遍認知，大膽選用日本酒作為餐酒主力。

F 頁小館極重視團隊合作，開店前即組成基本班底，至今少有變動。

鴨子划水，即便已經比餐飲門外漢多了經驗少了失誤，兩人仍舊兢兢業業，「前期的裝潢、CI設計甚至房屋修繕都得自己來，像是空間硬體設備還有很多不足之處，在資金有限的狀態下，也是要取捨，衡量輕重緩急。」Norman 表示。渡過新開店蜜月期，頁小館正經歷成長突破關鍵時刻，「我們一直在分析檢視，思考營運、調整菜單，挑戰是如何維持既有風格又可創造新意。」獲得 2018 米其林台北版的推薦無疑是一大鼓勵，像是為品牌封面燙上金章，Norman 和蔡斌翰要帶領團隊的責任更重了些。「創業這條路，永遠沒有準備好的時候，不如先做再說，要面對的是自己，就是專心做好。」100% 投入，持續專注於細節，頁小館的下一頁未完待續。

創業這條路，永遠沒有準備好的時候
唯有進化再進化，才是經營長遠的王道

G 獲選 2018 米其林台北指南的餐盤推薦，對頁小館而言是肯定也是督促蔡斌翰（左）和 Norman（右）更精進的力量。

H I 在開店初期資金有限的狀態下，空間裝潢、設計也許難以一次到位，建議可以階段性更換。

頁小館 RESTAURANT PAGE

三大獨特特色

01

以深厚的料理底蘊，讓道地台灣味，展現新樣貌，打造出專屬於頁小館的原創料理，網友大推帶外國友人來用餐。

02

餐酒服務的主品項以日本酒為主軸，精選與原創料理相搭酒款，讓饕客們能體驗到全新的米食文化。值得一提的是，雖是日本酒，這裡卻特別提供葡萄酒杯品飲，好讓每隻酒款的特質更能完整被品嘗。

03

打破傳統西餐拘謹的用餐模式，提供輕鬆自在的環境，並特別設計無酒精飲品，不論是帶著長輩或是小朋友的家族聚會，或是三五好友的聚餐都很適合的餐酒館。

頁小館 RESTAURANT PAGE

Signature Dishes

01
桶仔桂丁雞燉飯

NT$460

解構傳統燉飯作法，選用台灣桂丁雞低溫燒烤，將雞汁油脂回拌烹煮燉飯，鮮美香甜滋味完整保留，搭配季節時蔬，視覺份量滿足的飯食料理。

02
燒烤豬肋排

NT$780

受原住民朋友啟發，肋排塗上紹興酒、辛香料、蘋果等醬料後燒烤，香氣四溢，搭配台灣的醃蘿蔔小菜，解膩清甜，允指回味。

03
蒜味薯條
沾香蔥雞汁美乃滋

NT$120

香炸酥脆的薯條，沾裹九層塔、台灣口味胡椒鹽、蒜、洋蔥和青蔥混製的醬，西式薯條與台灣香料的絕妙組合。

04
雞腿串燒

NT$130

佐酒良品，去骨雞腿串經自製醃醬入味再烘烤，表面焦香，肉質軟嫩，好似台灣夜市的碳烤串，一口吃盡有趣文化。

05
炭烤本港現流軟絲

NT$380

取擷於在地的新鮮食材，簡單與芝麻葉混拌，加上檸檬清香，也可佐自製的醃菜，直接鮮明的口感，清新爽口。

06
Mocktail
自製果醬氣泡飲料

NT$180

特調的飲品以氣泡水為基底，加上自己現熬的果醬，層次視覺美感，清新健康，專為小孩、長輩所設計。

OPEN DATA

營業基本DATA

每月目標營業額：800,000 元

店面面積：38 坪

座位數：40 個

單日平均來客數：35 人

平均客單價：780 元

每月營業支出占比

- 店面租金　7%
- 水電、網路　3%
- 食材、酒水成本　38%
- 人事　36%
- 行銷經費　0.7%
- 雜支　3%
- 空間、設備折舊攤提 7.3 %

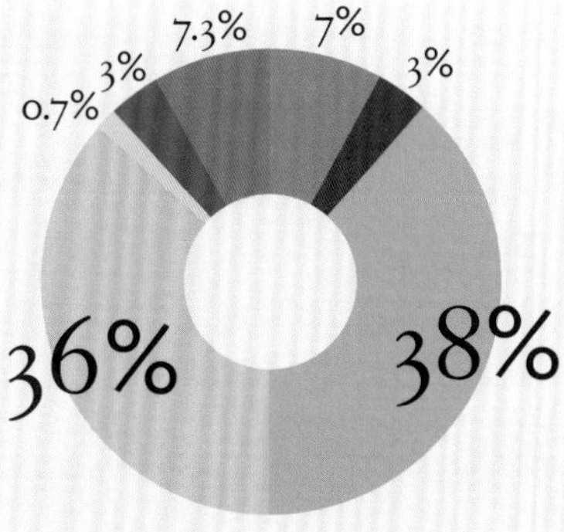

開店基本費用

籌備期：10 個月

房租、押金：5.8／17.4 萬

預備週轉金：10 萬

空間裝修費用：160 萬
（包含改結構、裝潢、設計費）

家具軟件、餐器用具費用：20 萬

廚房設備費：180 萬

初期料理試做費用：0 萬

CI 或 LOGO 規劃、menu 等周邊小物設計與製作費用：1 千

行銷物資費用：2 千
（網路行銷經營）

每月營業收入占比

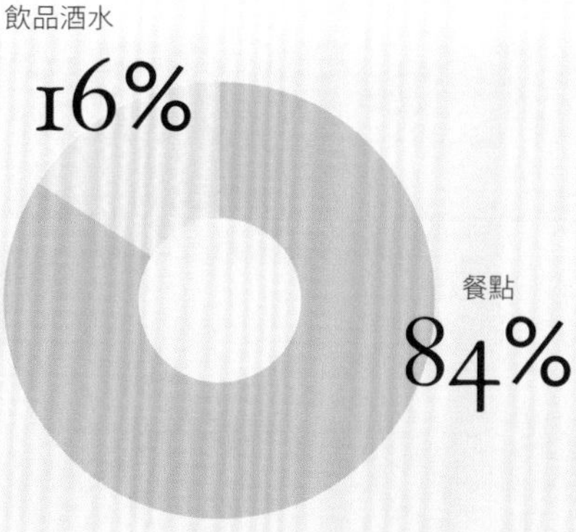

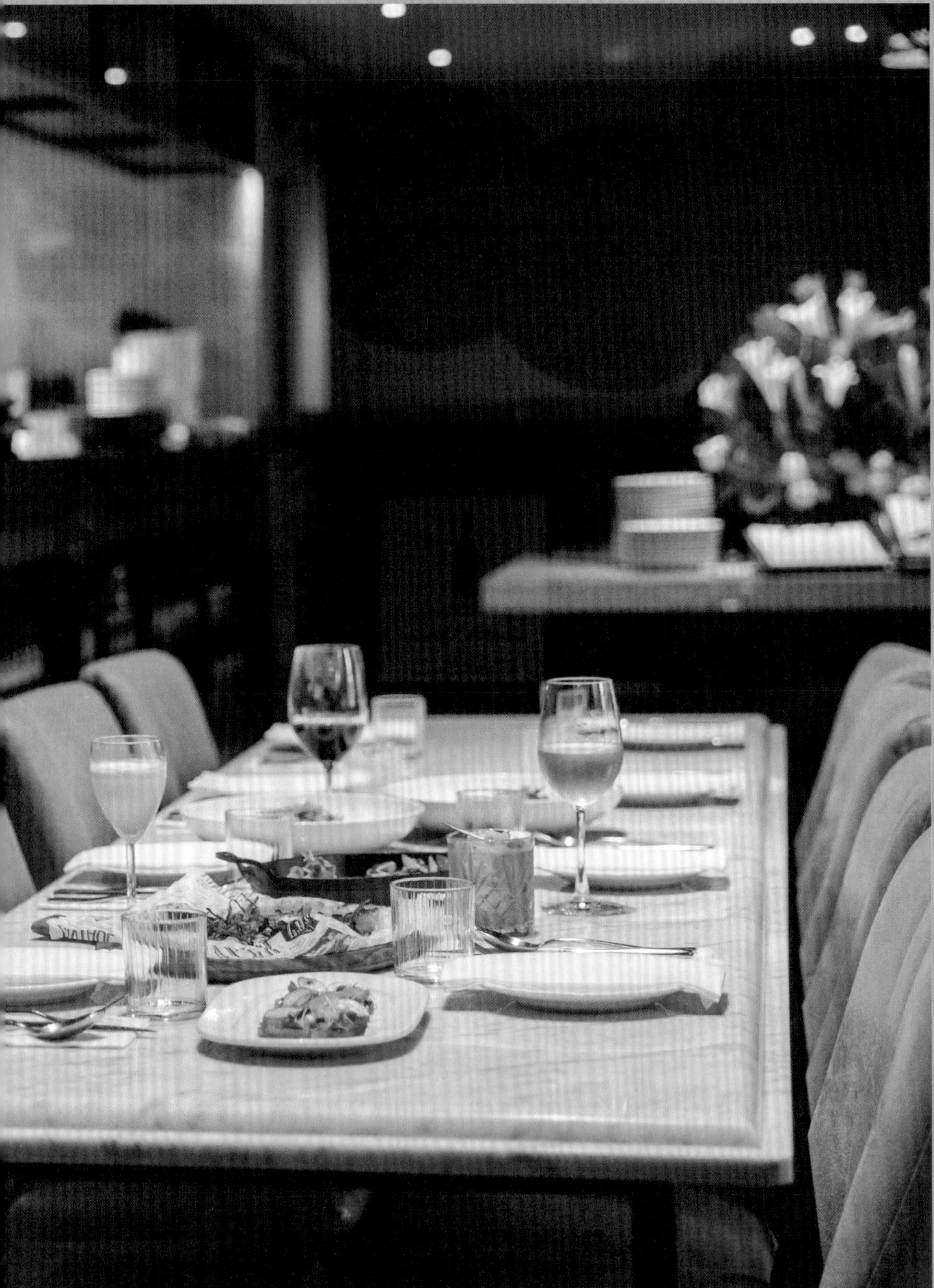

歐陸風格

DOMANI 義式餐廳

擬人化的品牌設定
打造出優雅洗鍊的義式摩登風格

當擁有充足資源的企業體，
跨足競爭白熱的餐飲市場，
會以什麼方式呈現？
隸屬忠泰集團的 DOMANI，
以當代設計的氛圍、嚴選食材
烹調出義式料理的精髓，
做出沒有連鎖樣板的新型態。

文・王涵葳　攝影・張藝霖　圖片提供・DOMANI 義式餐廳

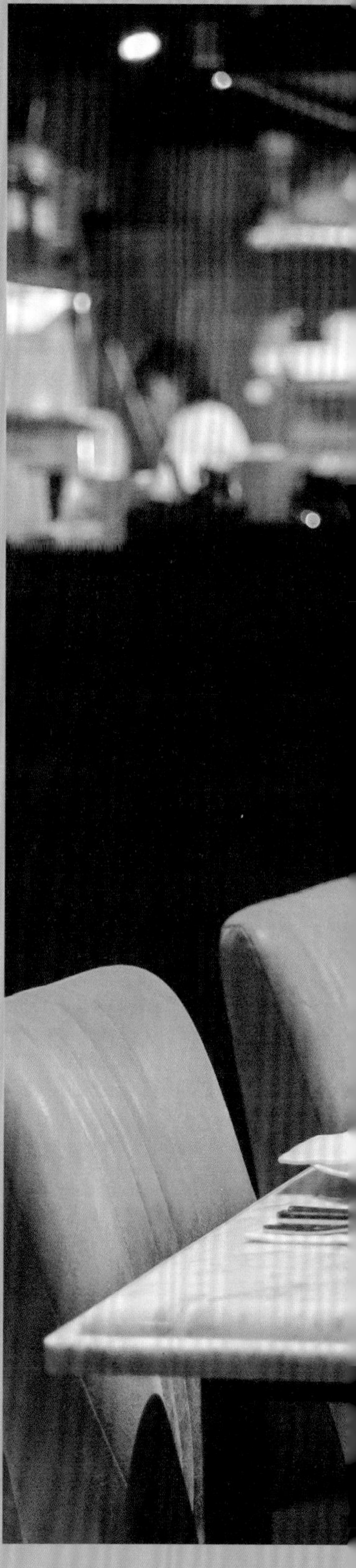

DOMANI 義式餐廳

店址／台北市大安區建國南路一段 65 巷 7 號

電話／02-8772-3355

Web／www.domanitaipei.com

營業時間／週一至週日 11：30 至 15：00、17：30 至 22：00

目標客群／下班後聚餐約會 、企業內員工、客戶餐敘、周遭鄰近的家庭義式餐廳DOMANI位在住宅群的一樓，沒有橫亙的道路、穿梭的車流，鄰近大學學區，靜謐的氣氛讓這裡自成聚落。作為建設集團旗下的餐飲品牌，源於老闆對於建築——「家的容器」的延伸想像，開始思考著不同發展的可能性。從建築硬體延伸出的生活事業體，除了引進設計家具、為內裝添入溫暖氣息，與生活息息相關的，莫過於吃飯這件事，開餐廳的引線由此燃起，運用企業內的腹地空間、人才資源、設計品味，統合資源，集大成於DOMANI之中。

黃金陣容：主廚與調酒師的內外分工

跨足以食為業，並非忠泰的首次嘗試，多年前就以歐陸菜系為基底的「MOT／KITCHEN」，

在市場中帶來不錯迴響，延續廚房老班底，由主廚陳星同打造出的全新體系；DOMANI的另一要角則是身兼營運及酒單飲品統籌的Matt，在業界有著豐富經歷，除了曾獲世界調酒大賽的亞軍殊榮，也操刀過不少店家規劃，更有著自己的餐廳Pico Pico，而後經由內部推薦，加入忠泰的餐飲事業部，為DOMANI運籌帷幄。

在定調為義式餐廳後，隨即而來的命名，讓行銷團隊思量許久，在不脫離以生活產業為主軸之下，最終採用義大利文DOMANI「明日」之意，語言及含義都貼合餐廳理念。

經營型態與來客樣貌的關聯性

DOMANI即便身處台北的心

臟地帶，座位數卻不多，不以坪效做為最主要考量，保留桌間適切距離而不擁擠，讓人在裡頭擁有放鬆愉悅的吃飯時光。談起餐廳定位的雛形，Matt分享最初的設計圖面，著重隱私的規劃，進門會是三個獨立包廂，廚房則安排在二樓，經由菜梯送下餐點。這與現在的經營定位，有著天壤之別，而當中的轉折，來自Matt考量餐廳的經營型態以及人力需求：全包廂的來客需求非常態性，不僅在空間使用率或服務的人力安排，都會造成成本浪費，故向老闆提出建議，從最初以私密性為主的空間概念，轉化為如今的開放式空間及廚房，為店內帶來流動的生氣，不再侷限於服務單一特定客群；二樓則改為獨立包廂，同時保留了最初設定私密聚餐的功能性。從封閉感的格局調整為開闊性的流通，為DOMANI帶來更多元的來客樣貌。

A 位在豪宅建築群的一樓，招牌在暗色調中以金色字體，畫龍點睛而出。

B C 選用多款自家代理的設計名品，從燈具到家具為空間氣氛更添摩登風采。

以擬人化的角色設定，塑造出餐廳的獨特氣質

只要來過DOMANI用餐，空間設計上的細膩安排，定會讓你留下深刻印象。設計團隊規劃之初，拋出一個具有想像力的問題：「想像DOMANI如果是個人，會是怎麼樣的個性？『他』應該是一個品味生活的紳士，喜好沈穩而低調的事物，好客、喜愛與朋友在家裡品嚐美食。」活靈活現的角色設定，給了挑選家飾的明確準則。透過整體規劃賦予餐廳獨特的生命力。

以深色調點綴著金色元素，環境光線略為幽暗的氣氛下，讓視覺焦點更集中在菜餚上。妝點空間的家具家飾，個個都大有來頭，從懸吊在進門迴廊，大氣的藝術裝置「琉璃雲」，到氣氛營造不

D 帶有氣派的門面，多數人直覺認定是間高級餐廳，實則餐點價格與品質合宜，適合所有族群前往用餐。

E DOMANI 座位間安排寬鬆舒適，讓人放鬆用餐，開放式廚房與吧檯帶來流動的開闊氣氛。

F 懸吊在進門迴廊上，大氣的藝術裝置《琉璃雲》，呼應了其典雅新穎的品牌定位。

G 店內空間布局簡約俐落，一樓座位區採一字型動線，減少帶位送餐時，對客人的打擾。

G

可或缺的燈具及家具：來自英國鬼才設計師 Tom Dixon 的經典飛碟燈、跨界大師 Philippe Starck 的高腳椅……講究細節的單品交疊出濃厚設計美學的用餐情境。

探究義式文化的深厚

在台灣，屬於顯學的異國料理，除了日式外，就屬義式料理，同樣以麵、飯為主食的義菜，吃的文化與我們很是接近。架構出 DOMANI 的菜單，主廚陳星同考量的因素，除了口味與品項，還有廚房腹地能負荷的工作量，「廚房空間精簡，對菜單的設計其實也是一大挑戰。」如果想做很多但空間不足，品質上則會無法兼顧，設計出質與量兼顧的餐點，才是最好的規劃。DOMANI 從前菜、沙拉、湯、澱粉類到主菜肉類及甜點，無一不缺，其中人氣的 Pizza 則是在最後才加入菜單，「Pizza 做為義大利從南到北一直傳承的文化，如果沒有 Pizza，很難定位你是一家義式餐廳。」

在 DOMANI 裡取樣義式文化的精髓中，還有與料理一同搭配的餐酒。在義大利的晚餐時間約莫八、九點才開始，下班到晚餐這段空檔，當地人會找間小店，享受「aperitivo」，也就是 Happy Hour，開胃酒酌以鹹食小點和起司，其中最道地的選擇莫過於苦酒。因此開店之初，對義大利飲食文化甚是熟稔的 Matt，設計酒單時也不忘運用苦酒為基底，打造出三款具有義大利靈魂的調酒：代表西北皮埃蒙特（piemonte）的「Spritz」、東北威尼斯的「Bellini」，而「Sgroppino」則為北義的經典開胃酒。

菜單與酒單，都經過幾次調整與顧客的喜好磨合，至今每道菜色的點餐率並駕齊驅，都有各自擁戴的食客。但酒單的品項更替，卻比料理更快速，原因在於市場接受度——DOMANI 大膽嘗試將「苦酒」作為系列調酒主角，但客人反饋卻不如預期，除了進口的成本以致單價較高，再加上台灣大眾對於苦酒的風味還不熟悉，漸進調整更替之後，目前酒單裡僅留下清爽口感的「Spritz」。

選用在地時令食材，推出當月限定菜色

跟隨時令，約莫每兩個月酒單會小改版。從小在鄉下長大的 Matt，認為手邊可得的材料，絕對是最新鮮的，「家裡後院種了龍眼、桂花、荔枝、芒果、檸檬的花、檸檬的葉子，知道這些食材原本的樣子，有直接情感，更能想像如何運用和表現。」用上老家自種的水果入酒之餘，喜歡騎腳踏車的 Matt，也經常四處尋找適合的食材，「這算是我很大的靈感來源，台灣高山水果的好品質，蘊藏著不同層次的風味，不只香氣與甜度，果皮保留的酸度拿來製作飲品最合適。」

菜單上的其他亮點，還有每月推出的「當季餐點推薦」與「單杯酒」，因應當季食材或氣氛，過往在春末使用時令的白蘆筍，初夏則是爽口的冷前菜。研發過程中，主廚陳星同提出一個大方向，經由內場團隊提出自己的想法，彙整意見後開始試做，這時也會與 Matt 相互討論適合搭配的餐酒。而推廣新餐點，DOMANI 所選的媒介也很有意思，不用誘人的美食照片，改以插畫來詮釋，

H 不論料理或是調酒，事前規劃將 SOP 條列出來，不因操作者更替而失去品質。

I 入門玄關處藝術家陳浚豪的作品《無邪》。

J 二樓獨立包廂提供給聚會或隱私需求的客群，若多人用餐還可在原有餐單內客製餐點。

希望藉由一幅幅手繪料理圖的溫暖質樸，向饕客們傳達「義菜料理的精華本來自家常」之真諦。

展望未來，預先擬定大方向

DOMANI的營運成效比當初所擬定的營業計劃還來得出色，Matt對此表示是天時地利人和，「在對的地點、對的裝潢、對的菜系，餐廳帶點神秘感的話題性也有助力。」但能做出對的選擇，背後仰賴不是僥倖，更是專業分工的相互協力。創業有眾多血淚史，Matt的經驗談，成功首要的核心在於人事，「人如果對了很多事都會對了，尤其是對下面的第一個主管最重要，如果能找到細心又照顧客人的人，基層員工也會被淺移默化，一同塑造出整家店的個性與職場文化。」

經營邁入穩定期的DOMANI，在籌備未來新計畫之餘，Matt想再把整個架構組織得更臻完善，「在年末，把明年目標都訂出來，列出要做的事，當時間到了，檢查項目是否達成進度。當這些都有按時完成，整家店不太會出什麼問題。」逐步把訓練的內容、章程制定出來，使第一線的執行者有跡可循，讓DOMANI在未來能自主運作，更無後顧的大步擴展。

尋找人才，選對人，優於事後訓練。

DOMANI 義式餐廳

三大獨特特色

01

菜單品項精練，以義菜為框架，輔以台灣在地食材為元素。每月以時令菜色為出發，設計一至兩道「當季餐點推薦」，並同時精選出一支最適合的單杯餐酒，不僅可提高單杯酒的銷售量，對消費者而言，只用中價位的花費，即可吃得到最當季的旬味與餐酒搭配，且每月變化新鮮度高、會產生期待感。

02

酒單種類多元，紅白酒與啤酒皆有，最具特色的獨門調酒，不僅有濃濃義式風情，更添入台灣時令水果為佐，是聚餐約會小酌的好所在。

03

追求用餐舒適度，桌間距離寬敞。封閉式的包廂提供隱密需求的顧客，還有特製套餐的配套服務。優雅摩登的室內空間，設計家具增添風格品味，滿足味覺與視覺的雙重饗宴。

（左）DOMANI 主廚陳星同、（右）DOMANI 營運管理人 Matt。

OPEN DATA

營業基本DATA

每月目標營業額：200 萬元

座位數：室內 28 位、戶外 12 位、包廂可容納至 14 位

平均翻桌率：1.23

平均客單價：1,200 ～ 1,500 元

開店基本費用

籌備期：7 個月

空間裝修費用：千萬左右

每月營業支出占比

- 店面租金　7%
- 水電、網路　2%
- 食材、酒水成本　35%
- 人事　33%
- 行銷經費　2%
- 空間、設備折舊攤提　12%

每月營業收入占比

- 餐點　85%
- 飲品酒水　15%

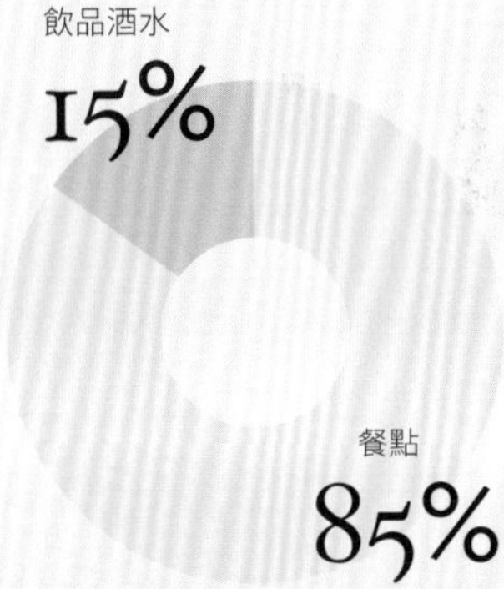

02

紅甜菜根燻鮭魚薄片

NT$380

為當季餐點推薦料理，以初夏色彩為概念，甜菜根的紅醃製鮭魚的橘色，清爽的冷前菜加上鮮豔的配色，為溽暑時節中引起食慾。

01

香煎干貝燉飯

NT$680

以蒜香為基底，些許奶油增加風味層次，清爽的口味不分男女都喜愛，成為從開店至今，持續在菜單上沒有改變的一道長青菜色。

03

松露蕈菇披薩

NT$480

因製作過程繁複，不使用冷凍麵團，用的是義大利百年麵粉廠，新鮮低溫發酵超過 12 小時，吃得出單純的好滋味，為每日數量限定的人氣菜色。

DOMANI 義式餐廳

Signature Dishes

04
茴香肉腸貓耳麵
NT$480

作為最有特色但也最平價的主食。使用溫體豬絞肉，與茴香混合成手工肉腸，風乾絞碎後與番茄、貓耳朵拌炒，畫龍點睛的茴香，品嚐時別有一番茲味。

05
碳烤排克夏豬排
NT$780

改自上一版菜單的豬肉料理，換上不同部位與做法。選用宜蘭排克夏豬大里肌，油脂雖不多但經由碳烤後仍肉汁滿滿，搭配松露鹽一同享用，也是高人氣品項之一。

06
Spritz
NT$220

來自威尼斯的 Spritz，以義大利苦甜酒為基底，口感清爽，來到 DOMANI 的開胃酒首選，更是調酒師 Matt 的最愛。

07
Sgroppino
NT$250

冰沙感的調酒同樣源於威尼斯，以當地盛產的氣泡酒 (Prosecco) 加入檸檬雪酪 (Sorbet) 與伏特加，在威尼斯經常做為餐前酒，但無論餐前餐後都合適。

PALMENTO
INZOLIA
2017

歐陸風格

一號島廚房

island 1 kitchen

開創台菜西吃風潮
職人精神演繹台灣食材

一大一小方塊，
代表廚房和餐桌，
一號島廚房的logo，
也傳達經營精神，
串聯食材產地和餐桌，
不斷挖掘在地的好食材，
用創意手法，
把台灣的豐富美好
透過盤中美饌傳遞給
每一個前來用餐的客人。

文・陳慧珠　攝影・張藝霖　圖片提供・一號島廚房 island 1 kitchen

一號島廚房 island 1 kitchen

店址／台北市大安區安和路一段102巷10號

電話／02-2706-2799

Web／www.facebook.com／Island1kitchen

營業時間／周一至周四、周日12：00至23：00
周五、六12：00至24：00

目標客群／25～40歲上班族、文化產業如唱片業、廣告業的主管階級

外觀是簡練樸實的清水模牆與厚實的木門，一號島廚房靜靜地坐落在安和路巷弄之中。一進到餐館裡，即可看到偌大的開放式廚房，經營者Ian和廚房團隊正在處理食材，或出餐擺盤，心無旁騖地專注在料理上，將腦中構思的創意一一用雙手呈現。

開店方向明確，從基礎扎根學習

自稱不愛念書的經營者Ian，大學開始就想未來要擁有一家自己的餐廳。立下目標，毅然從大學輟學當兵。因為沒有餐飲經驗，退伍第二天就進餐廳工作練基本功。磨了三年半，從基層員工一路做到展店、招募、管理樣樣都要會的三家店經理，覺得時機成熟便決定創業，從找好店址到開業實際只花兩個月時間，一號島餐廳的定位也很明確，「從來沒有把自己放在一間簡單的街邊店，我們期望這是一間小而精緻，提供有台灣特色的西餐餐館。」

開店前將客層鎖定在喜愛美食、嘗鮮的年輕上班族到中年白領客層，幾年經營下來，發現精緻原味的料理，更能吸引有一定社會歷練的人來品味，漸漸培養出穩定的熟客群。Ian透露自己的觀察：「我們的回頭客多，新客人進來得慢，年齡層則是40歲以上的客人越來越多。」一邊思考著如何吸引新客，一邊研究如何用更有趣、更新鮮的方式來詮釋「台灣味」。

一號島平均四個月到半年就調整一次菜單，但店內特別設有一塊小黑板，很像到台式快炒店點菜時，大家會習慣先看一下小黑

板上有什麼當日限定的隱藏版食材，一號島的小黑板也會寫上每周新推出的菜色，「有些食材的產季卻沒那麼長，季節過了就沒有，但紙本菜單幾個月才換一次，所以就直接寫在黑板上；或是當我們有些新的想法，想測試市場反應，就透過這個方式跟客人接觸。對我來說一直重複別人做過的東西很無趣，才會開這樣一間餐廳，很多菜都是我們自己發想創作出來。」一號島就這樣，慢慢找到市場的方向，在理想和現實之中走出自己的路。

成長記憶入菜，開創台菜西吃風潮

有創業構想以後，和夥伴們便以「台菜西吃」為料理主軸，發想源頭則來自在鄉下跟奶奶一起生活的兒時軌跡。每回下田巡探，老人家用路邊摘採的野菜，信手捻來道道佳餚，打開Ian在地食材的印象啟蒙。開店初期做出好口碑的招牌料理：麻油雞燉飯、虱目魚燉飯，現在仍是美食愛好者津津樂道的經典菜色。

而台菜西吃的表面上看見的是獨具特色的料理，背後看不見的是一股提升台灣飲食文化的熱切。對料理知識充滿熱情與好奇，工作之外的時間Ian也追尋探究各種台灣味的根源、各種食材做法的可能性、追溯各種料理的歷史

A B 一號島廚房的LOGO一大一小方塊，代表著廚房和餐桌。

C 店內的小黑板為宣傳每周新推出的菜色之用，補足紙本菜單機動性不足之處。

D 一號島之所以會成為創意、設計圈人士的愛店，正是因為他們總是抱持著初心，不斷思考如何用更有趣、更新鮮的方式來詮釋「台灣味」。

脈絡……，這些正是一號島源源不絕的創意來源。經營出口碑後，用心創新受到不少熟客信任，開啟接單訂製菜色的服務。「量身設計菜單已經做了三、四年，這也是我們的優點，很樂意幫客人做客製化服務」樂於嘗試隨之帶來開展契機，收到外燴餐席、市集、百貨進駐或酒商合作的邀約，打破一號島的既定框架，玩得更多元。

搭起產地串連餐桌的橋梁

在挖掘台灣味的過程中，Ian和夥伴親身走訪食材產地，拜訪栽種小農，反而意識到在地料理文化傳承的珍貴，決定從一號島自身擔當產地和餐桌之間的橋梁。原本部分仰賴進口的肉品、蔬菜、香料，逐步改用台灣在地食材取代，「過去台灣本地的食材占五成就很厲害，現在已經有八成以上都是，我們默默在做很多消費者看不到的東西。」Ian驕傲地說。雖然料理的過程難被看見，一號島也不因此妥協。料理上，Ian堅持不使用半成品，「我們每一道料理都是食材原樣開始，全部手做加工再烹調。當然還是可以買半成品，但是兩者在料理的底蘊上完全不同，吃起來的味道當然不一樣。」即使前期備料因此更瑣碎繁複，Ian和他的團隊卻樂在其中。

一如堅持寬闊的開放式廚房，是料理人呈現技藝的平台，一號島的主廚不再是躲在背後的隱形人物，而是直接和客人面對面，像朋友一樣，告訴客人食材從哪裡來，為什麼如此烹調，對料理有更多味覺層次以外的感受和理解。就像Ian所說：「這些過程全部都是連結在一起的。」

繼續共好的料理旅程

開業邁入第六年面臨成長轉型期。「幾年下來，我們的料理慢慢走向更成熟穩重的樣貌，空間也希望能跟著改變。」近期剛更新完空間的一號島，將原本整體木質原色的調性，以深藍牆面和霧黑餐桌重新定調。隨著使用屬性分割出新動線，一側是機能升級更完整的開放廚房，利用對角線隔出料理台和可升降的chef's table。一側是更舒適安靜的客席區域。連結地下室和一樓的梯間，掛滿了Ian和夥伴們充滿手感溫度的攝影作品。氣味相投的人總走到一起，Ian發現自己和夥伴都有喜歡自己動手做東西的特質，一家店的個性也更為鮮明立體。

大部分熟客是衝著Ian而來，他索性把一號島當成另一個自己。「我想聽怎樣的音樂，餐廳裡就放我平常聽的音樂，現在連粉絲頁也自己寫，客人更有共鳴。熟客們也發現每隔一段時間回來，一號島又有點不同。然後他們會同時看看自己也變得不一樣，然後我們會一起坐下來聊天吃飯喝酒，交換彼此心得。」像老朋友一樣，這是一號島一直以來的待客之道。「這才是我想要開的餐廳的樣子。」Ian說道。

E F 一樓開放式廚房與可升降的 chef's table 設計，讓廚房團隊可以直接和客人面對面，讓客人對於料理創作的過程和食材源頭有更多的理解。

G 地下室空間以古董二手家具營造出小酒吧的氛圍。

G

F

摘星為目標，夢想激發前行動力

默默不斷累積實力的一號島分享說，想在競爭激烈的餐飲業界想佔有一席之地，並仍保有初心，不是一件容易的事，「自己要思考清楚要做什麼樣的事情。如果想清楚了，就不會有遲疑、猶豫。當然過程會遇到很多問題，但我從來不擔心犯錯，我會試著去解決問題。」一路走來，對信念的堅持以及勇敢嘗試創新的膽量，激盪出一號島精彩的料理呈現。現階段以摘星為目標的一號島，仍繼續著每天從零開始的職人態度，用蘊藏在台灣這片土地中的禮物，探索料理的無限可能。也許找一天，和朋友一起到島上探訪，一號島不斷蛻變的面貌。

如果你沒有更遠大的夢想支撐，這條路走不了那麼久。我有使命感讓餐飲業轉動往好的循環。

一號島廚房經營者 & 味道發想者 Ian。

一號島廚房 island 1 kitchen
三大獨特特色

01

開放式大廚房，用餐也看得見烹調過程；特別設置 chef's table，能邊用餐邊聽主廚分享料理、食材背後的故事，讓講究美食的愛好者能擁有另一番深度的用餐體驗。

02

料理80%以上使用台灣在地食材，每道菜從最樸實、原始的食材開始，以西式的烹調技法為主，再加乘消費者對於台菜小吃共同的味蕾回憶，兩者交織，演繹出一號島獨有的味道。

03

每週推出限時的實驗創新菜色，除了是為饕客們提供最當季盛產的新鮮好料，也能藉此觀察市場對新菜色的接受度，可做為之後變更菜單品項的重要依據。

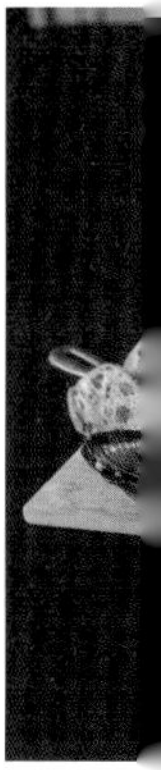

01
櫻桃鴨胸、覆盆子皮革、酒煮桃子

NT$720

把莓果醬以 40°C低溫烘烤收乾，成為紫紅色軟糖般的覆盆子皮革，包裹住水分飽滿的嫩煎櫻桃鴨胸，再灑上夏堇、孔雀等新鮮食用花。繽紛迷人的視覺和口感，經典的風味用別出心裁的方式表現，充滿驚喜。

一號島廚房 island 1 kitchen

Signature Dishes

02
鹹湯圓

NT$360

以客家鹹湯圓為發想，義式馬鈴薯麵疙瘩作湯圓外皮，滾水燙過後煎至外皮金黃酥脆，內裡鬆軟。選用豬腳燉肉混合白蘭地、香料，捏成圓球入內餡。底層鋪上京都水菜、櫻桃蘿蔔和珍珠洋蔥，自製無毒白蝦蝦球提出鮮味，淋上牛肝菌菇醬汁，重現你我熟悉的記憶之味。

03
蛤蜊啤酒蝦

NT$400

以洋蔥、辣椒、大蒜，拌炒西班牙辣肉腸 Chorizo、蝦子跟蛤蜊，將經典的義菜元素重組放進酒杯，打上啤酒泡沫呈現啤酒的另一種趣味。搭配台南安平蝦餅，香鹹酥脆對比甜辣海鮮，適合三五好友共食的開胃小點。

04
白酒羅勒淡菜

NT$380

季節限定料理，選用每年仲夏到中秋期間的馬祖淡菜，肥美飽滿。下訂單後才採收並馬上空運送達，只需少許白酒及蒜片拌炒就鮮美十足。特別搭配切片歐式麵包，可將最後的精華醬汁，用麵包蘸至最飽滿後，一口氣送入嘴中，大大滿足！

05
嫩煎鵪鶉與辣味荔枝玫瑰醬

NT$420

期間限定料理，嫩煎鵪鶉淋上甜而不膩，又帶點辣味的玉荷包玫瑰醬汁，佐以 polenta 玉米膏、柔滑的台農地瓜泥，小巧的醃漬珍珠洋蔥和繁星花點綴，細緻清甜的野味，與同調性口味食材堆疊出風味層次，適合喜愛品嚐原味的老饕。

OPEN DATA

營業基本DATA

每月目標營業額：800,000 元

店面面積：50 坪

座位數：40～45 個

單日平均來客數：30 人

平均客單價：800 元

開店基本費用

籌備期：2 個月

房租、押金：30 萬

預備週轉金：60 萬

空間裝修費用：250 萬
（包含改結構、裝潢、設計費）

家具軟件、餐器用具費用：50 萬

廚房設備費：100 萬

初期料理試做費用：1 萬

CI 或 LOGO 規劃、menu 等周邊小物設計與製作費用：1 萬

行銷物資費用：0 元
（網路行銷經營）

每月營業支出占比

■店面租金 12.5%

■水電、網路 4%

■食材、酒水成本 30%

■人事 35%

■雜支 5%

■空間、設備折舊攤提 5%

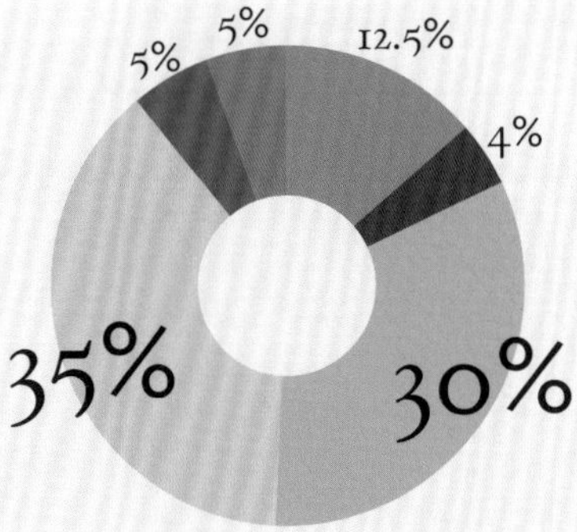

每月營業收入占比

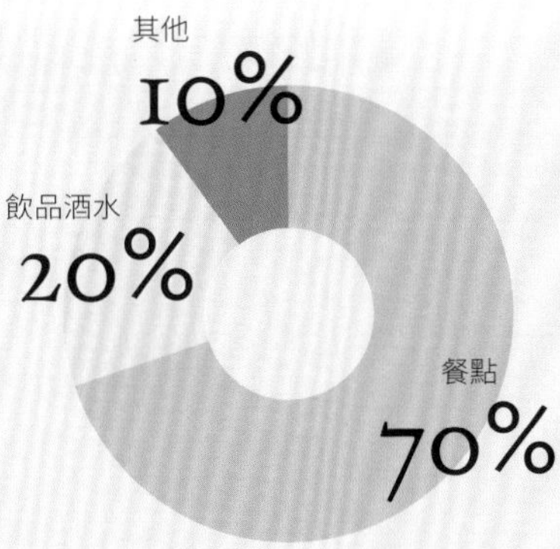

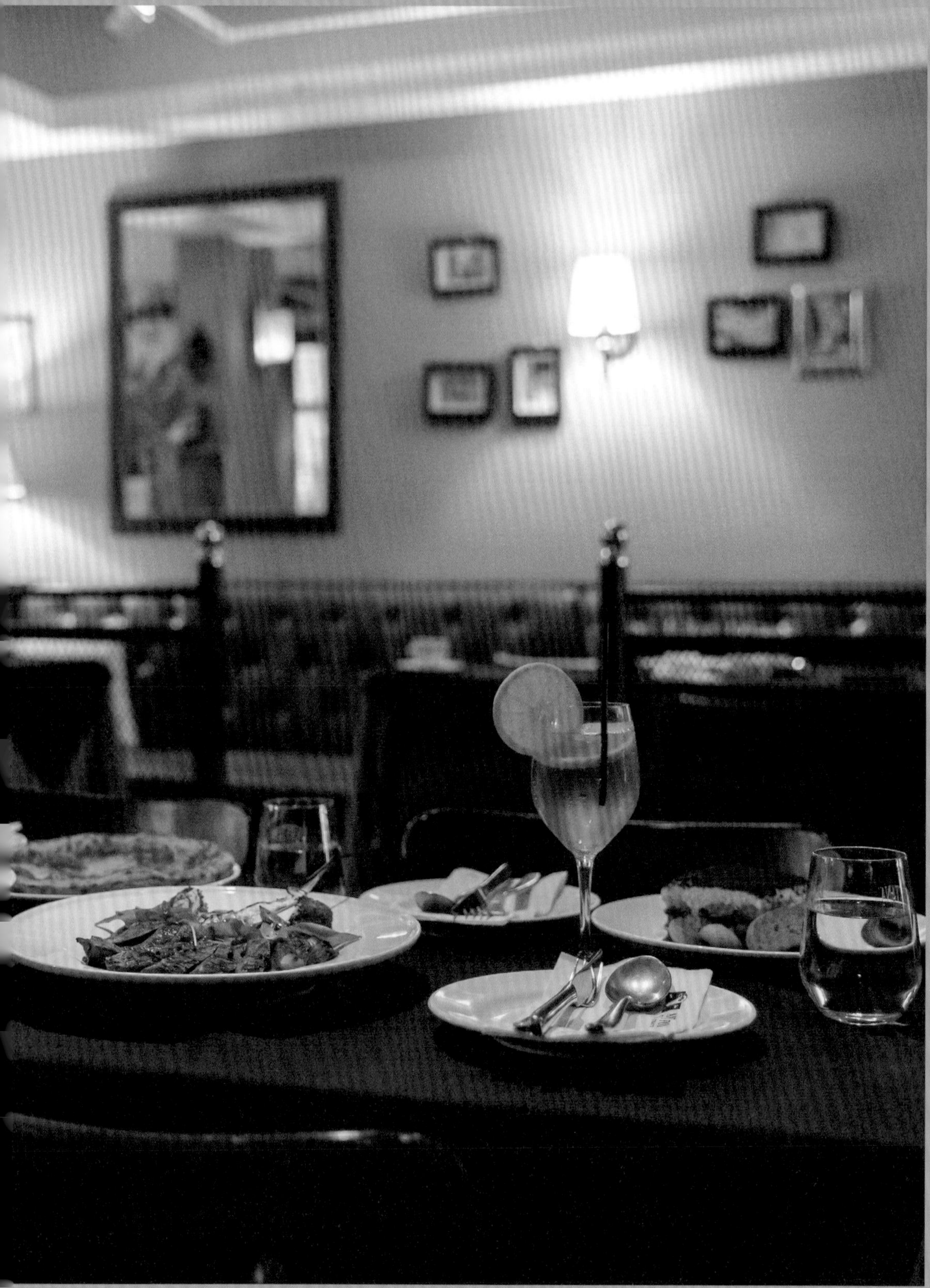

歐陸風格

Antico Forno
老烤箱義式披薩餐酒

堅持正統，以傳遞義式飲食文化為核心
培養出不分國際的高認同度

一趟意想不到的義大利之旅，
埋下創業的種子。
Antico Forno 老烤箱
講求正統義式精神，
成為饕客心中難忘的味道，
想一去再去的義大利餐館。
多年努力，更受到義菜最高殿堂
「紅蝦評鑑」的認可，
獲得最佳披薩的殊榮，
證明台灣人也有把異國料理
做出極致的堅持。

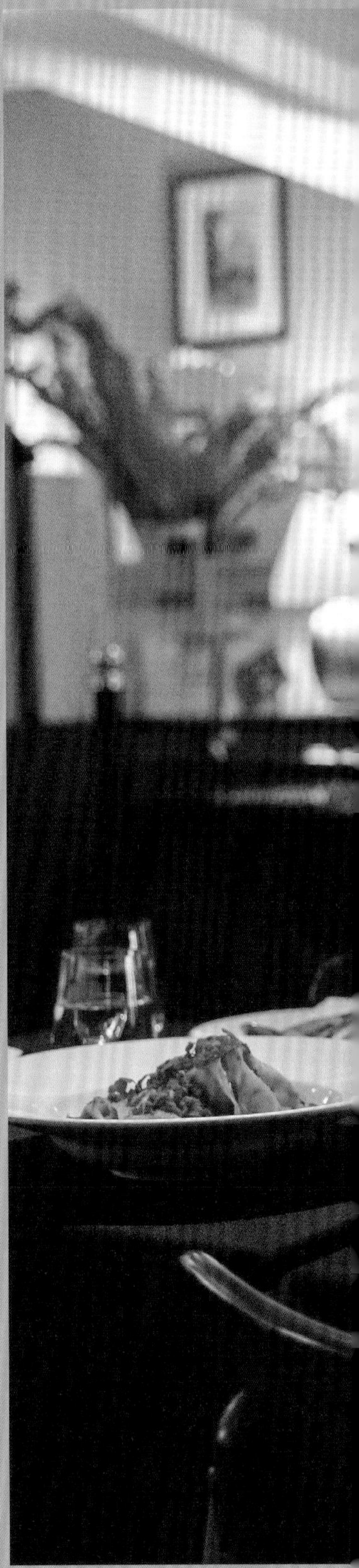

Antico Forno 老烤箱義式披薩餐酒

店址／台北市大安區瑞安街 141 號
電話／ 02-2706-3322
Web ／ www.facebook.com ／ anticoforno141
營業時間／週一至週日 12：00 至 15：00、18：00 至 22：00
目標客群／ 30 至 65 歲，團體聚餐、情人約會、老饕客人

文・王涵葳　攝影・張藝霖

走進Antico Forno老烤箱，沒有拘謹的用餐氣氛，此起彼落的聊天聲，烘托出暢快愜意的自在，桌席間不時傳來異國語言，有如闖進遙遠國度裡的小酒館，這裡經常被認為是外國人掌舵，實則是土生土長的台灣人吳治君Augustin，用深愛義式文化的火侯細細經營著，不分國籍，人人都喜愛的美味空間。

用料理重返動人的現場：簡單、好吃、人情味

從一份單純的廚房工作變成開業者，對吳治君來說，得追溯一趟旅程的浸染。「雖然在義大利餐廳做了很久，也學到很多，但那時我並不了解義大利菜系的原生環境。」當時他跟隨多年的義大利主廚即將返鄉度假，邀請著他一同回羅馬。走入當地街頭，

A

有著古城的悠久歷史，異地向他襲來的熟悉感，是來自披薩店、義大利麵店召喚出腦中味覺的記憶，吃上一口當地菜餚，從中獲得的感動是直覺而深刻，「他們追求的東西很簡單，就是用好的原物料去煮一頓美味的食物。」

不只街上的餐館，吳治君也深入民家，品嚐義大利老媽媽的手藝，「在廚房裡做手工麵或面疙瘩，花一整個上午就只做一餐要吃的東西。」吃的文化在義大利，人們不怕花時間，不只長時間製作，還有長時間品嚐與分享。吃成為媒介，在餐桌上建立起人與人間的交流，這份在義大利體驗到的生活文化，是吳治君親臨當地後帶回最珍貴的禮物，讓他興起自己創業重現感受到的風土民情。

面面俱到的義式體驗

傳遞義式精神，吳治君也用心在招牌的視覺呈現，以義大利人談話間，常出現的手勢為發想，代表著百年來持續流傳下來的精神，體現在老烤箱想要追隨的正統態度。開店五年間，歷經兩個階段。最初只賣著單一品項，以披薩作為入門試試水溫，真材實料的好味道很快就讓老烤箱打響名號，來客投以更多迴響，希望在這裡能吃到更多義式料理。同時間吳治君自己也覺得有點遺憾，「學過義大利不同地區的菜系，最後只選擇做披薩，想在菜色上有更多發展。」老烤箱的第二年，開始循序漸進加入燉飯和義大利麵等品項。

由家常小店晉升至講究的小酒館，經過重新裝修更貼合整體氣氛。降低室內的彩度，空間裡的內斂氣息，除了新添入鐵件家具的沈穩感，喜愛老物件的吳治君，選擇有年代感的吊燈或桌椅鋪陳出歐式氛圍。在重新裝潢後，環境與料理品質提升了餐廳的價值感，同時也顯示在客群的變化上，彷彿是一夕之間開了另一間店，推展新餐點得以順遂，地段的聚集特性也是助攻，多項條件聚集到位，讓老烤箱成功轉型。

C

B

A B C 老烤箱重現經營者親身體驗到的義大利風情，創造舒適又帶有人情溫度的場景，提供正規傳統料理，傳遞完整的義式生活文化。

E

D

用心堅持的初衷，不分族群都懾服

身為一個專注烹調正統義大利菜的台灣人，在市場和口味上不免受到諸多挑戰，吳治君仍舊堅持初衷，力行傳統做法。在2016年，代表義菜最高殿堂的「紅蝦評鑑」（Gambero Rosso）來到台灣，悄悄進行探訪，年底公布指南，台灣唯有四家餐廳榮獲此殊榮，老烤箱便是其一，更是名單之中唯一的台灣籍主廚。不僅於此，隔年再拿下紅蝦評鑑的「Best Pizzeria」最佳披薩店。

可以拿下紅蝦評鑑，對老烤箱耕耘義式料理，無疑是正面評價，來客量也是有感成長，不過這並非吳治君預想的目標。店內菜單上的食材百分之九十來自於進口，肉腸、絞肉也自行製做，因為忠於原物料是忠於原味的一大條件，吳治君所堅持的，與紅蝦評鑑的準則有著相同的方向，因此不用刻意追求，當紅蝦剛進入台灣，下重本的用心自然會被看見，同年間，老烤箱更成功申請義大利官方認證的 Ospitalita Italiana，為義式靈魂加持。

不斷進修，將南北義各區料理精華帶回台灣

「在義式料理世界，除了調味，食材本身原味要能感動到你，這是一個很成功的義大利菜精神，也是我想做義大利菜的動機。」想提供沒有失真的味道，做到位的堅持，蘊含細節的琢磨，「比如燉飯，米其實有很多種，吃起來有不同效果，在當地也不是所有米心吃起來都是硬的。」老烤

G

F

成功的要點來自於成功的團隊，
要堅守團體戰。

箱的燉飯，選用的米種來自義大利，但也做出讓台灣大眾能接受的口感，因地制宜同時也兼顧傳統。

在老烤箱裡有道外頭餐館少見的義大利麵，以鯷魚的鹹香混搭入檸檬清爽酸味的「主廚私房檸汁鯷魚佐義大利直麵」，靈感來自走訪過的托斯卡納。每年長假安排，吳治君會回到義大利，探訪不同區域。老烤箱的菜單，記下這些年的旅程，也跟隨他的腳步慢慢進化。以自身獨到的眼光，設計出平衡性佳的菜單，伴隨時間更替，裡頭包含的學問有對台灣飲食習慣的掌握，也有對北義到南義料理的熟稔。吳治君也以義菜領域的專業跨界出版，分享自己對料理的見解。

以食建立起文化交流平台

這幾年，大眾對義菜的了解與認同是倍數成長，市場邁入成熟階段。吳治君的手藝也漸漸累積不少忠實味蕾，回流的老客人不在少數，外籍客幾乎每晚都有，附近居民的造訪也維持在兩三成。簡單而美味的餐點不只到店裡才能吃到，老烤箱也接受外燴邀約，在私人空間裡創造賓主盡歡的一餐。

在品嚐美味食物之餘，老烤箱更是一個交流情感的平台，不定時舉辦活動：以人氣餐點豬肉捲

D 將推薦酒單設計成單張形式，讓客人從酒杯中抽起閱讀，別具巧思。

E 從單一品項餐點，演進成豐富面貌小酒館的老烤箱，中間經歷重新裝修，用改變創造出新價值。

F G 老烤箱經營者每年仍不懈前往義大利進修，吸收南北義料理精隨，除了做出東西方人都認可的料理，也力求再現義大利悠閒從容的空間風格。

為號招，在戶外舉辦BBQ日；有時更化身為爵士樂現場，活絡用餐情境。老烤箱想做的一直不受限，推及至品牌營造，有關美感之處，細微如菜單、外帶包材到店內花藝，聘請專業設計師掌管老烤箱的整體視覺。營運第五年之初，吳治君在不脫離義式核心下，拓展新的餐飲品牌，開設了咖啡館Piccolo Caffè，店內餐點同樣皆自產自製，但更傾向街邊小店的輕巧，試著推廣義式咖啡以及義式餐酒文化aperitivo，用不同角度詮釋義式飲食。

創業這堂課永遠有要學的事

以熱愛料理的心，身兼主廚和經營者角色，侃侃而談創業甘苦，吳治君認為：「經營者的思維要比所有人看得更前進一步，帶領大家看見前進的方向，但到達的途徑可以有很多條。」老烤箱在前期僵持不下的營業額，用改變菜單設定去突破，面臨下個停滯期，投入資金裝修空間，帶來如預計的客層與流量，以單店創造出更高價值。

「開餐廳的有意思在於可以學到很多層面的事。」當27歲投身創業，吳治君靠自己籌措資金，開啟第一家店，後續而來的挑戰，不僅止於開店這件事，「創業者在初期要能清楚自己的定位，備足資金。」想擁有好的空間、人員配置和週轉金，吳治君提出五百萬是最穩當的籌碼，另一則是對自身產品有能理解和掌控，「不光只有技術，還要有能力掌控成本。」創業耗盡的不只是體力，如何調適累積的壓力也是要面臨的課題，「因為當你越被打擊越沒有正面能量支撐下去，就

看不見自己陷入的問題點。」擁有強壯的心，彈性的思維也是作為經營者不可或缺的特質。

老烤箱每年都會遇到需要抉擇的階段，以老烤箱為核心的餐飲事業，除了正在嘗試的義式咖啡館，吳治君的不設框架，大膽嘗試許多方向，但不以連鎖商業模式去拓展是篤定的，「雖然可能會很賺錢，但我不會很享受！」

記得幸運是一時的，沒有維持著該有的狀態，之後很容易掉下去。

Antico Forno 老烤箱主理人吳治君。

Antico Forno 老烤箱義式披薩餐酒

Signature Dishes

01
瑪格麗特

NT$320

披薩最完美的姿態是看得見空氣感的體態，搭配麵粉比例與烘烤製成的餅皮不濕軟，吃起來有脆度也有嚼勁。麵糰、番茄醬汁、起司和羅勒混搭出的單純原味，是初訪必點的菜色。

Antico Forno 老烤箱義式披薩餐酒

三大獨特特色

01

忠於義大利精神，以傳遞義式料理精髓為起家，培養出固定回訪的饕客，除了提供用餐、不定時舉辦主題式活動，讓新舊客都能體驗不同的飲食文化。

02

挑選老件家具陳設，燈火搖曳下宛如置身歐式小酒館，而輕鬆愜意的用餐氣氛，三五好友家庭聚餐、兩人浪漫約會皆宜。

03

不間斷在飲食領域中精進，經營者將自身體驗到的異國經歷，濃縮在餐飲形式裡詮釋，以不同風貌呈現其中，讓用餐者以吃食感受義式的風土民情。

02

爐烤助眼牛排搭紅酒醬與芝麻葉

NT$10oz ／ 980、16oz ／ 1580

選用油脂香氣足夠的 prime 等級美國牛，用鹽預醃去血水，恰烤過的風味，搭配淋上牛高湯的烤蔬菜，芝麻葉佐檸檬汁，屬於義大利最獨有的吃法。

03

大口吃肉醬手工大寬麵

NT$420

採用波隆那做法的肉醬，以牛豬絞肉與洋蔥、紅蘿蔔、西芹混合的比例，經由長時間燉煮而成，不用現成機器做的麵，厚實肉醬搭上每天花時間製作的寬麵，是在別的地方吃不到的豪邁暢快。

05
SPRITZ

NT$350

Appetivo 中最經典調酒，以氣泡酒 Prosecco、苦酒 Aperol 再加上一點蘇打，餐前點一杯，最能感受威尼斯道地的風情。不定時推出以 SPRITZ 為主題的活動，推廣最純正的餐酒文化。

04
黑白松露牛肝菌燉飯

NT$550

新鮮的牛肝菌加野菇一起拌炒為基底，使用高濃度的松露醬再加上白松露油提香氣，松露的高貴是身為台灣人看到就想點的一道，是菜單上經過不斷進化的長青品項。

06
還是老樣子提拉米蘇

NT$300

完美的一餐用最經典的義式甜點來收尾，真材實料的 Mascarpone cheese，添加橙酒帶出香氣，還有傳統的瑪薩拉酒，化在嘴裡帶出層次感的風味。另附義式脆餅 (Cantucci) 及天使之吻 (Baci di dama)，雙重享受適合多人共享。

OPEN DATA

營業基本DATA

每月目標營業額：2,300,000 元

店面面積：48 坪

座位數：45 個

單日平均來客數：76 人

平均客單價：986 元

開店基本費用

籌備期：6 個月

房租、押金： 8 萬／押金 2 個月

預備週轉金：400 萬

空間裝修費用：150 萬
（包含改結構、裝潢、設計費）

家具軟件、餐器用具費用：60 萬

廚房設備費：150 萬

初期料理試做費用：10 萬

CI 或 LOGO 規劃、menu 等周邊小物設計與製作費用：10 萬

行銷物資費用： 0 元
（網路行銷經營）

每月營業支出占比

■店面租金　3.4%

■水電、網路　1.5%

■食材、酒水成本　32%

■人事　29%

■行銷經費　0.6%

■雜支　4.5%

■空間、設備折舊攤提　5%

每月營業收入占比

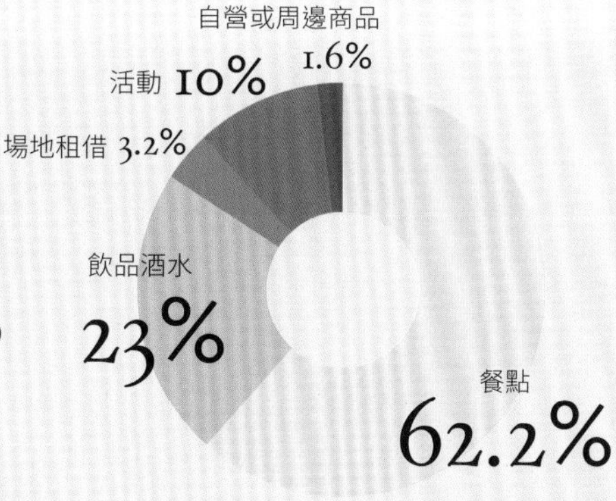

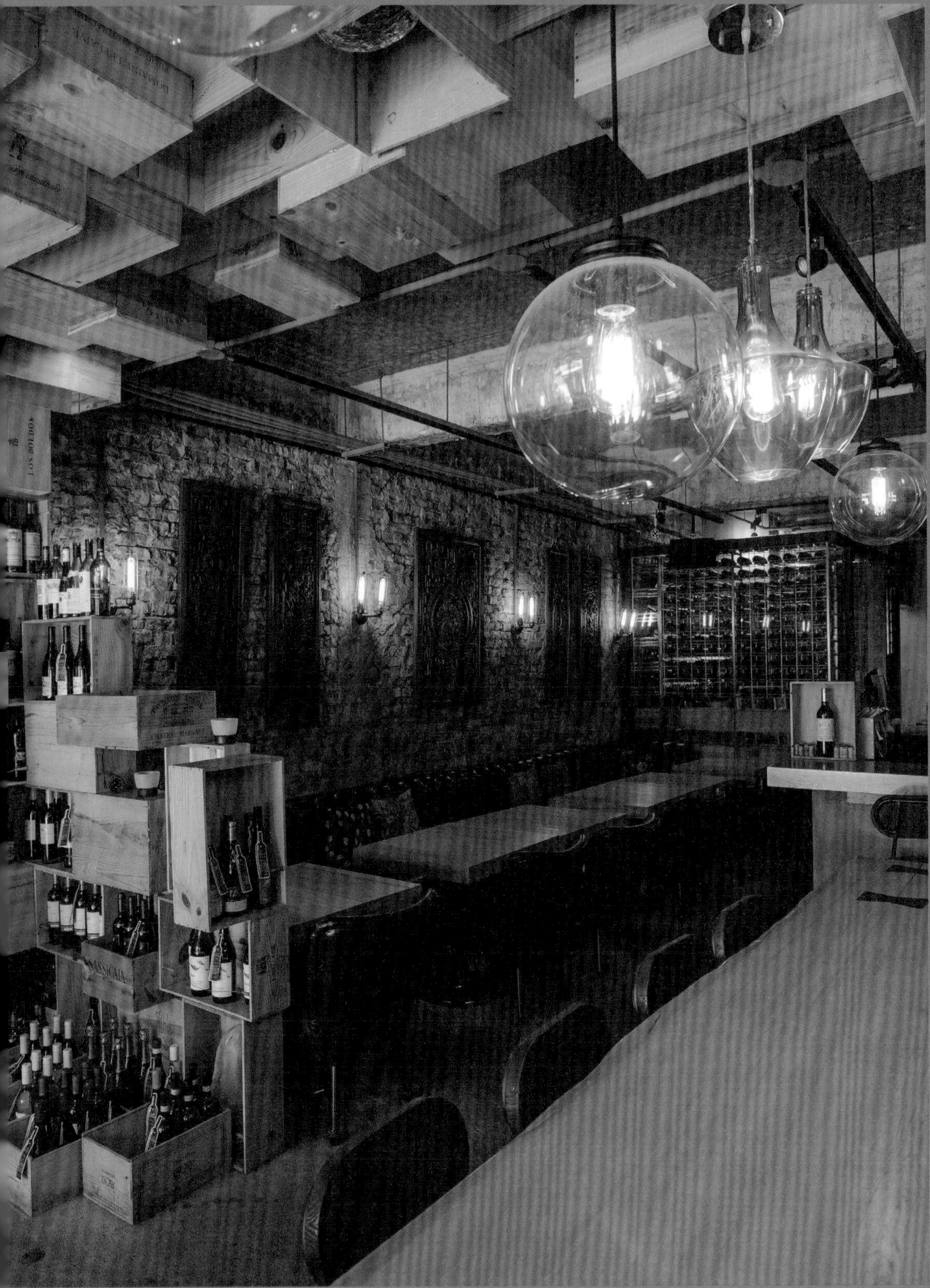
LOS BOLDOS

當代混血

Aj' s Wine & Bistro

活用管理學「五管」給創業者的理性開店術

Aj' s Wine & Bistro
結合酒類專賣店、餐酒館、酒吧，
以豐富藏酒、合理價格、細膩服務，
在品酒圈裡廣為好評。
創業初心者 AJ
首次跨足餐飲市場，
結合過往金融經驗
與自身品酒喜好，
用心推廣葡萄酒的迷人韻味。

Aj' s Wine & Bistro
店址／台北市大安區通化街 171 巷 33 號
電話／ 02-2732-1189
Web ／ www.facebook.com/ajwine9
營業時間／週日至週四 18：00 至 01：00
週五至週六 18：00 至 02：00
目標客群／對餐酒文化有興趣者、葡萄酒愛好者

文・王涵葳　攝影・張藝霖

遠離人潮匯集的商圈，離鄰近的捷運站也有一小段距離，AJ's Wine & Bistro 在巷弄內的隱世氣氛，映照著經營者的低調性格。店外的招牌 LOGO 如同歷經風霜般，鏽蝕至紅褐色的整面鐵板，鑿刻著舉杯品飲的微笑側臉，讓人帶著期待感與一探究竟的心進入店內。

從門外的天花板開始，向內延伸出的驚人木頭量體，正是由一個個運送酒瓶的載體——「木箱」所組成，除了裝飾，它也是最佳的展示層架。滿滿整面牆的各式酒款以及相關書籍，看得出店主對葡萄酒的滿溢熱情。經營者 AJ，從事金融產業十餘年，毅然決然離開耕耘已久的領域，轉換跑道來到餐飲業，以自身對經營管理的熟稔，加上品玩葡萄酒的老饕身份，在競爭日漸白熱化的

餐酒領域中，闖出屬於自己的品牌能見度。

衝勁＋執行＋資金，創業的成功方程式

身為品飲葡萄酒的愛好者，AJ 從長年累月的消費經驗裡，嗅出市面上未有的消費模式，挖掘出新商機——結合酒類專賣店、餐酒館、酒吧，連貫的複合式服務，作　創業的初始藍圖，白天純販售葡萄酒，如一般酒品專賣店；傍晚至深夜則變身餐酒館，提供優質的餐酒服務，店內開酒還主打與零售價格同步的策略，「我在一週內就將創業計畫書寫出來，包含完整的預算以及損益表。」有了衝勁的念頭，加上執行力的落實、以及資金和資源的準確挹注，成為創業穩健的開端。

首次創業，就獨資開店，從籌備、裝潢設計、菜色開發，無一不是親力親為，面對接踵而來的挑戰，多方考究、講求細節，是Aj透露出的獨門秘方。「選店址的時候，我不喜歡在大馬路上、不要有騎樓，這樣店面才可以直接面對路，更容易被看見。」最終符合租金、大小、及各項條件只剩下五間，為了更精準計算潛在來客數，每個候選店面，Aj都花上兩天整坐在外頭，一天平日、一天假日，只為觀察路上車流。縝密而有邏輯的思慮，為往後搭建出穩固的基礎。

善用行銷策略，社群是利器也是兇器

Aj's Wine & Bistro開幕的當天，近乎滿座，跨越籌備時期各式磨練的Aj，對於當日盛況滿是驚呼，

A 藏酒數量維持400款，除了到店用餐品飲，更可以買酒回去。

B 店外的招牌以紅褐色鐵板鑿刻出著舉杯品飲的剪影與LOGO。

C 細看店內的酒瓶上，都掛著造型別緻的酒款介紹牌。

在未有行銷推力之下，已實屬佳績。但提及行銷，他並不是毫無想法，而是選擇慎用。面對網路時代帶來的影響力，他有著自己的見解，「我選擇一開始就把自己逼入一個絕境。」在過去金融業界有著好人緣，卻捨棄在創業之初，在自己的生活圈廣大宣傳，「假設我告訴所有的親朋好友我開店了，拜託他們來的話，這間店前半年的經營都會是假的。唯有真實地面對市場活下去，才是持續經營下去的原因。」從未花費行銷費用，Aj's Wine & Bistro靠得是消費者間的口碑行銷，在網路上有著近乎無負評的好評價。

從「單人套餐」到「今晚喝這支」，創造專屬獨特性

細數Aj's Wine & Bistro的藏

D

D 天花板的酒箱裝置搭配使用黃光、木桌椅，營造出帶有微醺感的小酒館氛圍。

E 大片紅磚牆與中式的木窗框，為 Aj' s Wine & Bistro 注入了東方的復古氣質。

E

酒，維持在400款左右。數量之多，卻沒有酒單，挑選的過程，有著人情溫度的交流，「和客人聊天，理解他們的需求，再介紹最適合的酒款，是我們一貫堅持的服務方式，沒有距離感的待客之道。」即使已經滿室美酒，還是難以滿足所有人的需求，面對自帶酒的客人，不同於普偏收取開瓶費的性質，而是僅以酒杯清潔費作為替代，這是AJ為葡萄酒愛好者，推出的貼心服務。貼心之舉，不僅於此，菜單裡的「單人套餐」設計，也是呼應支持孤獨經濟，喝酒不一定成群結伴，也屬於一個人的獨處時光。

每個週五、週六晚間舉行的試飲活動，選定一支酒，與當晚客人分享，如同小型品飲會，至今已成為店內的招牌特色，追溯概念源頭，來自AJ在個人社群平台裡的多年書寫分享，在酒友間廣受好評的「今晚喝這支」，開店以後，將想法移植進來，也讓Aj's Wine & Bistro逐步成為酒商與目標客群之間的橋樑。

融合東西元素，詮釋餐酒新滋味

「很多人會問，Aj's Wine & Bistro是餐為重、還是酒為重？」攤開菜單，對比酒款，菜色相較精煉專注，「開店初期我們有35道菜，而後我們開始濃縮至25道，再加上每兩週更替的期間限定菜色。」高頻率的推陳出新，來自對店內的客層觀察，針對熟客比例過半的情況，調整經營策略，「讓熟客們帶著期待感再度光臨，好奇接下來兩個禮拜會有什麼新菜色。」內場團隊的研發，擁有高度自由揮灑，主打創意料理，以歐陸菜系為烹飪手法的基底，加入台灣的特色食材，融入東南亞的料理香氣，構成菜色主軸。

除了餐酒搭配，餐點裡也出現以酒入菜的嘗試，挑戰眾人熟悉不過的醉雞，名為「紅酒醉雞」，置換其中靈魂角色，以葡萄酒調理，「醉雞常使用的是紹興酒，一種氧化味較重的酒款。經過嘗試，後來我們選用一款葡萄酒，它的特色同為偏重的氧化氣味，再加上些許干邑提味。」端上桌的紅酒醉雞，別於印象裡的白皙，帶有深紅的外觀，吃下肚卻是熟悉的滋味。添入新元素，重新詮釋經典中華料理。

交織混合的東西文化，從菜單、室內陳設裡皆可窺見，「喝紅酒雖然是個很外來的文化，如果融入衝突的元素，把他們變得和諧，就能創造出自己的特色。」

用空間探究品酒文化的深厚

包裹在以品酒為出發的空間，從設計、監工、到家具選購，皆由AJ一手打理，「在構思時候，希望用三種區域作為呈現，酒的展示、用餐區、以及酒窖。」位在深處的酒窖，是一般餐酒館裡少見的規模。「酒品對整家店來說，是最大的賣點，如果沒有良好的保存方式，我以紅酒作為開店的出發點，就是自打嘴巴，必須讓客人知道我們願意對品質放入最好的投資。」下重本的心意，除了酒窖，展示在吧台後整面牆的酒杯，多達14種，「不同的葡萄品種，有不同屬性的品飲杯。」隱藏在執念的背後，是想深耕葡萄酒文化，期待讓正確的品飲習慣，推廣得更深，甚至向下扎根。

環視店內氣氛，原木色與黑色

F

G

的鋪陳，帶出低調的氣氛，桌子上頭的燈光，透過折射，映照著手裡的酒杯，與環境裡的玻璃製品，一同閃爍得像宇宙裡的星辰。坐在裡頭，享受味覺加上視覺的感官饗宴，以及聽覺帶來的放鬆，「九點之前，整體光線略微明亮，投影螢幕是餐點與酒款介紹的輪播；九點過後，音樂轉換成放鬆、輕快的House，影像也會換成戶外、海邊、游泳、潛水的影片，整體亮度也會調暗。」針對細節的琢磨，打造出隱密而舒適的用餐情境。

結合興趣和特長，
以熱情之心剷除一路艱辛

綜觀營運歷程，AJ認為一直在走自己規劃的軌道上，他以金融背景出身的理性思維，悉心研究相關法規、制定出開業章程，扎實地掌握管理學中最重視的五管「生產、行銷、人事、研發、財務」，以企業管理的方法經營著小酒館。但對於AJ來說，賺錢或許不是最重要的，創造出自己也會想待著的店，用滿載熱情的同理心經營，同時以理性的管理支持興趣。從餐飲業的初心者，持續累積經驗值熱誠，才能邁向創業的成功路。

在自己創造出來的空間中，慢慢引發出很多有趣的人際互動與回饋肯定，這絕不是金錢可以帶來的滿足感！

F G 維繫酒類的保存品質，投入資金自建酒窖控溫與溼度；品飲上的講究，提供14款不同杯形飲用。

H 不定時在店內舉辦單支酒的小型品飲會，並於櫃台陳列出當日推薦酒款。

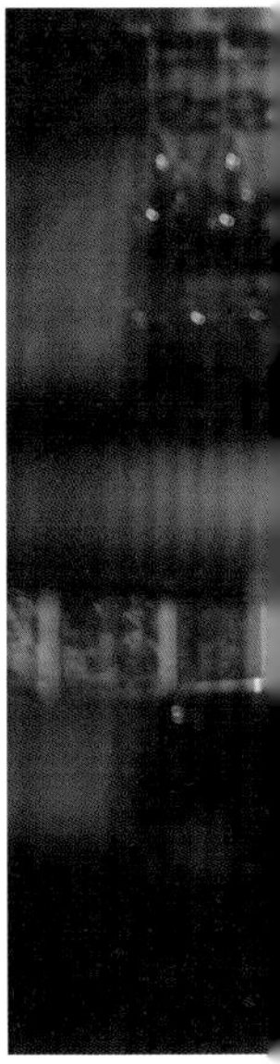

Aj's Wine & Bistro

三大獨特特色

01

自營酒類專門店，提供四百款與零售同步價格的葡萄酒，也有12款單杯酒可選擇。對於自備酒水的來客，不收開瓶費，獨創酒杯清潔費。週末舉辦「今晚喝這支」小型品飲分享會，對想淺嚐餐酒或愛好者，皆為十足的友善空間。

02

每兩週更替的限定菜色，並有17種起司與8款乾肉火腿肉品，可供自選為拼盤，多樣化的選擇服務。同時支持孤獨經濟，讓獨身前往的人，享有主餐加上單杯酒的實惠套餐。

03

提供媲美fine dining餐廳的細膩餐酒搭配建議，沒有用餐時間限制，座位舒適寬敞，隨著夜深，逐步調暗光線和放鬆的音樂，創造出隱密又自在讓人不禁想久待的場域。

Aj's Wine & Bistro 主理人 AJ。

Aj' s Wine & Bistro

OPEN DATA

營業基本DATA

每月目標營業額：120 萬元

店面面積：30 坪

座位數：30 個

單日平均來客數：35 人

平均客單價：1,300 元（餐 800 元 + 酒水 500 元）

每月營業支出占比

- 店面租金　4.6%
- 水電、網路　2%
- 食材、酒水成本　40%
- 人事　17.5%
- 行銷經費　1%
- 雜支　9%
- 空間、設備折舊攤提　4.8%

開店基本費用

籌備期：6 個月

房租、押金：12 萬（2 個月）

預備週轉金：250 萬

空間裝修費用：200 萬
（包含改結構、裝潢費用，設計費為 0 元）

家具軟件、餐器用具費用：90 萬

廚房設備費：60 萬

初期料理試做費用：3 萬

CI 或 LOGO 規劃、menu 等周邊小物設計與製作費用：20 萬

行銷物資費用：0 元
（網路行銷經營）

存貨：約 400 萬

每月營業收入占比

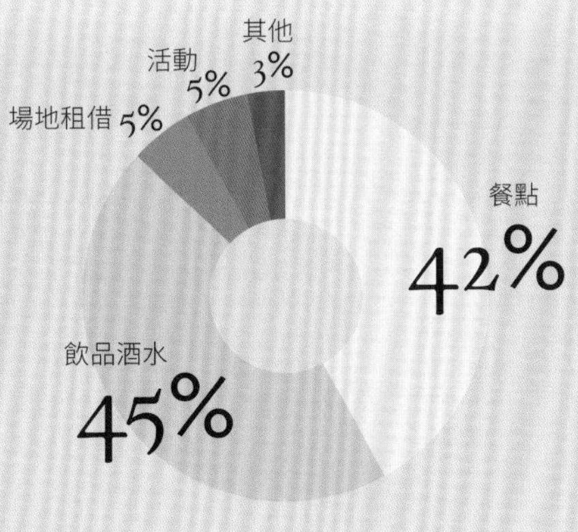

01
鮪魚半敲燒

NT$380

新鮮鮪魚以直火炙燒至表面酥脆焦香後，立即放入冰水中緊實肉質並保持魚肉鮮甜。上桌前切薄片搭配野薑花、醬油醃白蘿蔔、青蘋果以及芥末美乃滋，絕妙口感讓人一吃就上癮。建議搭配陳年過桶的 Dehesa del Carrizal Chardonnay Vino de Pago 2010，其清爽的酸度與鮪魚的油脂在口中形成巧妙的平衡。

Aj' s Wine & Bistro

Signature Dishes

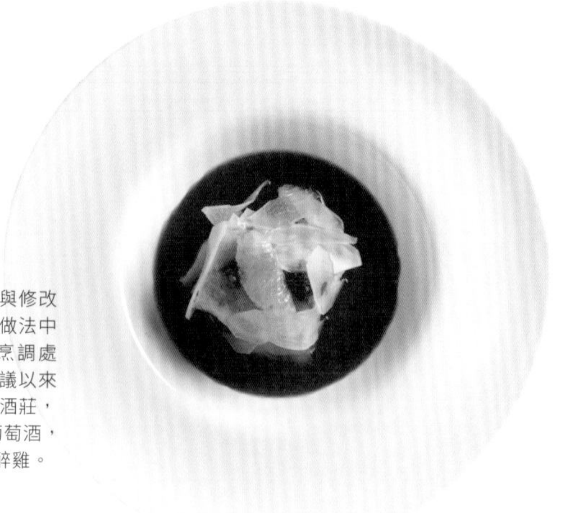

02
紅酒醉雞

NT$320

以紹興醉雞為藍本，經過不斷的嘗試與修改後，終於找到最適宜的紅酒取代傳統做法中的紹興酒，將雞肉與紅酒一同低溫烹調處理，重新詮釋出經典的中華料理。建議以來自義大利最南端西西里島 Cusumano 酒莊，以泡皮發酵釀造製成的「Cubia」白葡萄酒，來搭配這道帶著許多不同香料氣息的醉雞。

03

鹹豬肉炒麵

NT$380

以著名原住民料理鹹豬肉，融入西式義大利麵，炒鹹豬肉的鹹香再燒入淡淡的老抽醬油，最後以鮮奶油收汁使其濃郁可口。建議搭配來自於法國隆河區西南邊的「Costieres de Centenaire」，圓潤熟成的水果香氣、均衡的酸度，尾韻帶有帶些巧克力與菸草香氣配合著鹹豬肉的辛香料感，細緻的單寧與油脂結合，齒頰留香。

04

現流鮭魚

NT$680

現流鮭魚的油脂香與雪裡紅奶油醬汁交錯出鮮鹹深厚的滋味，而新鮮雪裡紅又賦予了微感辣味，加上燻鮭魚春捲的酥脆，讓整道菜層次分明，建議搭配紐西蘭馬爾堡的 Tinpot Hut，可融合料理中雪裡紅、甜玉米、奶油的香氣，帶出飽滿充滿海味的鮭魚鹹香。

05

碳烤豬梅花肉

NT$780

經過長時間碳烤的豬梅花軟嫩多汁，上桌時再為客人澆淋上特製的煙燻威士忌咖啡醬，瞬間煙燻香氣瀰漫，為嗅覺、視覺感官帶來極大享受，建議搭配來自於法國南隆河區的 Cairanne 村莊的 La Magnaneraie，濃鬱的果香味、香料與煙燻香氣，配合著鮮嫩豬肉的碳烤香，還有醬汁中的威士忌、咖啡，各種細膩的滋味層層交疊。

當代混血

VG Cafe' Taipei

料理調酒雙冠軍團隊
令人上癮的台北微醺夜！

堅持生活美學，
主張可以講究，
何必將就的 VG Cafe' Taipei，
一心提供
最好的餐飲及最舒適的氛圍給客人，
將餐飲服務當作藝術創作來經營，
提供客戶五感極致饗宴。

文・盧心權　攝影・星辰映像 雷昕澄

VG Cafe' Taipei

店址／台北市大安區復興南路一段 279 巷 4 號
電話／ 02-2706-1068
Web ／ www.facebook.com ／ VGTPE
營業時間／周二至周五 17：00 ～ 1：00
週六及週日 12：00 ～ 15:00、17：00 ～ 2：00
目標客群／介於 25 至 50 歲之間，對於創意料理及服務接受度高，60 ～ 70% 為女性客群。

隱身東區捷運大安站附近的靜謐小巷，VG Café Taipei 土耳其藍的門面外框和厚重的鐵鏽門營造出低調優雅的貴氣，讓人忍不住停下腳步推門一探究竟。

經營團隊中的 Tommy 原是程式設計師，多年前在澳洲學開飛機時，好友 Eric 在台灣開立藝廊，並想將在藝廊中增設販售咖啡，便邀 Tommy 一起回台經營，「台灣人看到藝廊空間，如果沒有要買作品，就覺得不太好意思進去，但將咖啡店與藝術空間相結合，吸引客人來喝咖啡順便看看作品，可達到很好的破冰效果！」深談之後，Tommy 極有興趣，便一頭栽進 VG Café 的經營工作。

因應需求不斷轉型，從單瓶酒到創意調酒

A

B

A D E 用餐空間以紅磚牆面或舒適的木質家具、經典設計燈具，營造出北歐自然溫暖的生活風格。

B 細節處以鐵件加強出空間的風格個性。

C 因位居靜謐小巷內，大門門框漆以土耳其藍，讓前來的客人可遠遠一眼認出餐廳所在處。

初期的VG，因優雅沉穩的空間環境令人感到舒適又放鬆，很快地就吸引到不同產業的客群，來此喝咖啡交流、順便賞畫。漸漸地許多來客都提出「希望店裡也能提供餐點」之要求，同時考量到光靠咖啡廳的營收難以經營下去，故營運團隊決定將藝廊空間遷移，並拓展成立新的家具品牌；而VG原址則增設專業的廚房跟吧台區，開始提供專業調酒跟料理餐點，2012年正式轉型為餐酒館。「正式轉型前主要販售的是單瓶的酒類，常需陪客人喝酒搏感情來吸引消費，像我就因此在數年間爆肥四十多公斤，深覺這樣的模式無法深耕，遂決定更以優質的產品與服務來吸引客人，不過後來變成不斷在試吃，則又形成另一種職災了。」Tommy苦笑說。轉型後對於品質的堅持，確實反應在餐點的價位上，也讓

平均消費客單價順利提升至1000元左右。

從藝術品到料理與調酒的藝術創作

開店之初，店址選在東區外圍的小巷弄中，以降低租金成本。空間設計上，入門接待處高掛的鹿角與藝術畫作，還有鐵件製成的大拉門，仍承襲著過往藝術空間的氛圍，如精品藝廊般的門面迎接貴客。但當你步入用餐區，不論是紅磚牆面或舒適的木質家具、經典設計燈具，一同建構出北歐自然的生活風格，希望客人感到溫暖、舒服，「就像回到自己家般輕鬆，而非小心翼翼地、正襟危坐地用餐。」平日生意好時，VG Cafe' 會放慢的音樂以平靜心情；生意不好時則會放快節奏的音樂讓場子熱起來。

一般人會覺得藝術高不可攀，但在 Tommy 眼中，所謂藝術就是一位創作者持續專注地想把好的東西提供給大家，為了營造店裡的優質、溫馨氣氛，Tommy 也常到歐洲取經，觀察研究那邊的生活方式與飲食文化，並將好的觀念帶回來，跟主廚、調酒師討論如何在台灣呈現理想中的氛圍或餐飲商品。「以 VG Cafe' 來說，我們的服務、餐點、調酒都是認真、用心呈現出來的成果，所以皆可視為藝術。」VG 的餐點除了選用好的當令食材，製做過程也堅持不用半成品，盤中所出現所有醬汁、高湯……等等全是廚房團隊親手自製。

雙冠軍加持，每週開發新菜單

VG Cafe' 的料理菜單主要是由

F G VG Cafe' 不僅致力於設計餐點和調酒，更講究餐酒之間的完美搭配。

H 為滿足客人需求，特別為招牌料理「戰斧豬排」設計真空外帶包，以供客人買回家享用。

開胃菜、熱前菜、主餐，以及澱粉類主食等四種組成，其他還包括甜點、白酒、調酒或非酒精類的創意飲品。外場服務人員會向客人推薦適合其份量的單點菜色，讓三五好友一起分享。VG集團有一個菜單開發小組，主廚和調酒師會定期召集所有工作人員一起開會討論新菜色的開發，幾乎每週都在研發新菜單，每週都有持續提供一週的「Daily Special」新菜色。累積一年半載後，則會把客人反應很好的Daily Special加到常態菜單中，「保留60%的固定菜色，換上40%客戶反應良好的新菜色」。在食材方面，則以台灣在地當季蔬菜和當季海鮮為主，並且以低溫烹調、油封、醃製、日式熟成、煙燻等多種中西混合式手法來烹調。

VG Cafe'不僅致力於設計餐點和調酒，更講究餐酒之間的完美搭配。目前坐鎮VG旗下的第二家餐廳「VG The Seafood Bar」的主廚陳子洋，在2018年榮獲了指標性廚藝競賽——「聖沛黎洛年輕廚師競賽」的東北亞冠軍；而VG Cafe'的調酒師岳佳毅亦於2018年榮獲調酒界的奧斯卡——「DIAGEO World Class」的台灣區冠軍。有了料理、調酒雙冠軍的加持坐鎮，VG集團餐飲的檔次高低可見一斑。為饗客戶，VG Cafe'亦提供招牌菜「戰斧豬排」的真空包和以初榨橄欖油及十種不同的香料拌炒而成的特製辣椒醬，以供客人買回家享用。

用臉書「說菜」，做好本質口耳相傳

半路出家從事餐飲業的Tommy，入行後發現餐飲業有很

以優質的產品與服務來吸引客人，
才是長久經營之道。

多不為人知的故事，於是他從四、五年前開始就用臉書的方式「說菜」，從主廚如何早起到公司來備菜，到挑選食材、把關品質、烹調等多方面去書寫，讓客人了解到每一道菜的價值所在以及這些價值背後的成本，給予客戶安心感。這樣的說菜方式得到許多迴響，也讓來客對於 VG Cafe' 中高單價的餐點更覺得值回票價。

早期 VG Cafe' 並無行銷團隊，也並未預設客戶的年齡層與族群，只靠臉書發文和口耳相傳便吸引了許多熟客。近期隨著 VG 集團增設了行銷團隊，VG Cafe' 有了強大的後援，除了重要節日之行銷活動規劃更完整，也和其他品牌多了更多異業合作的機會，但 Tommy 表示，「增加曝光固然可以為店面的形象加分，不過最有效的行銷方式，其實還是把經營的本質做好，然後就會有口耳相傳的效應！」未來 VG Cafe' 除了將繼續以臉書平台為最主要的行銷方式外，亦將拍攝一些「說菜」的影片，讓客戶更加了解 VG Cafe' 的對食安之重視及對品質的堅持。

大小問題都透明化處理，設定階段性目標

「只要是開店，每天一定都會遇到困難。」小至廚房漏水、地下室的燈不亮、菜單替換、桌上餐巾紙要放幾張，大到整體環境

I J K 餐廳空間仍承襲著過往藝術空間的氛圍，入門接待處高掛藝術畫作與吧檯區的鹿角、枯枝，為空間中畫龍點睛的要素。

L M 不論是名片宣傳物、調酒用具，只是要客人能看到的每一個小細節處，都維持一定的秩序與美感。

不好營業額下降……，有太多事情需要解決，而且時常會遇到重覆的問題。Tommy 分享他通常會把問題拆開來處理，「一天解決一點點，大家就能感覺到整個團隊有在進步」。從 2018 年起，VG 團隊更運用 APP 筆記程式集中管理，將所有遇到的問題都列入清單中，由誰處理了什麼問題，都可以同步讓所有人知道，讓資訊透明化。

經歷幾次階段性轉型後，Tommy 坦言，「經營的路上其實起伏很大，而我們每個階段性努力的目標也不一樣！」一開始的目標是要努力讓餐廳存活下來，對自己有個交待和成就感；經營到中期後，則著重在提供客人如國外餐酒廳那樣舒服的空間及高品質的調酒；近兩年由於一起努力打拚的團隊愈來愈多，大家皆

VG Cafe' Taipei 團隊夥伴們。

VG Cafe' Taipei 三大獨特特色

01

重視食安，堅持不用半成品，店內所用的醬汁、高湯與食材全是自製的；並用臉書來「說菜」，讓客人充分了解餐點的價值成本；料理菜單多樣化，每週均有 Daily Special 新菜色，每半年更新菜單一次，讓客人能常常品嘗到多元的好滋味。

02

環境頗具藝術氣息，店內的裝潢風格豪邁、隨興又溫馨，加之以服務人員的熱情友善，讓客人來店時感到相當溫暖、舒服，就像回到自己家般輕鬆，而非小心翼翼地講究要如何吃菜。

03

餐飲走精緻化路線，講究餐酒之間的完美搭配，料理與調酒背後各有完整團隊，不斷研發新品項，精彩的雙刀流架構出 VG Cafe' Taipei 的不可取代性。

有生活和成家立業的壓力，於是「培養員工，讓他們能領到好的薪水、有職務上的升遷與成長」，則成為 Tommy 現階段的目標。

對於想從事餐飲業的有心人，Tommy 建議在籌備期前，可以給自己一個月的時間每天問自己為何要開店，若持續一個月後仍覺得想開店再來開；籌備期要做市場調查，要有具體的方向跟目標、設定明確的對手，如此才會有具體的進步。此外，Tommy 也建議「籌備期務必要準備總資金 30% 的緊急救援金，以備不時之需。」實際開店後，所要面對的則都是「人」的問題；無論是要面對客人或是管理員工，都需把遊戲規則設計清楚——例如來店是否設定低消、是否能帶寵物，以及休假制度如何規範等——並且逐步修正改進，如此，經營就會愈來愈順暢！

VG Cafe' Taipei

Signature Dishes

01
干貝 charpiao

NT$320

北海道生鮮干貝片搭配新鮮生菜，佐以醬油和柴魚調製成的八方晶凍醬，鹹中帶酸，可充分將干貝的甜度提煉出來。長時間烘乾後才下鍋清炸的去油雞皮有如餅乾般酥脆，搭配軟嫩的干貝相當開味。酥脆、軟嫩、清爽等多層次口感完美交融，使其成為人氣前菜。

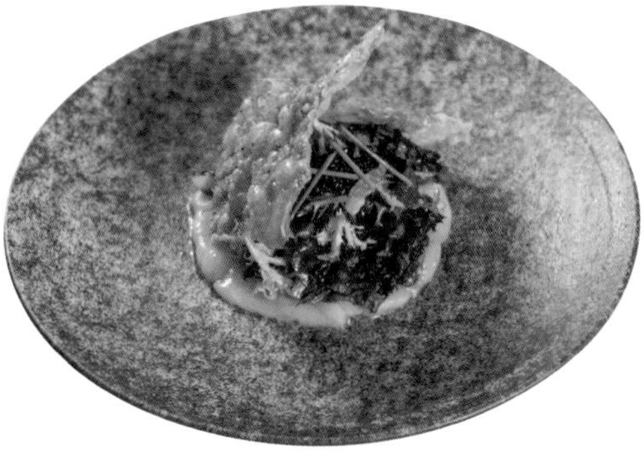

02
戰斧豬排

NT$980

以法式低溫烹調 + 高溫爐烤方式來調製台灣豬第六～十根的頂級豬肋排，肉質柔軟並有煎烤焦香，配上蔓越梅紅酒醬汁和自製蔬菜雞湯玉米糊，口感極為豐富，兼具蛋白質的營養和青蔬的爽口。以特殊烹調手法、足夠的份量、多層次口感和視覺美感來吸引客人，幾乎是客人每來必點之人氣主菜。

Signature Dishes

03
西班牙的伊比利豬

NT$1180

以加入剝皮辣椒的改良式巴斯克甜椒醬來佐拌吃橡樹果的西班牙放野伊比利豬，直煎七分熟可完整品嘗豬肉原味，軟嫩無腥、帶有臻果清香。由於肉品油脂較多，綴以辣炒季節時蔬以增清爽，會建議客人搭配酸釀的調酒以解油膩及突出肉品風味。

04
煙花女干貝麵

NT$450

將緹魚、酸豆、番茄、橄欖清炒後長時間熬煮成細緻醬汁來拌麵，搭配鮮甜軟嫩的大顆干貝，辣中帶酸相當開味。此道麵食是義大利特種女郎休息時用手邊食材信手拈來常做的一道菜，以佛心的份量和豐富、平衡的口感來吸引客戶。

05
贈予

NT$350

以藍姆酒當基底去泡烏龍茶，加上利口酒及自製的迷迭香糖漿，茶香、酒香和糖漿的酸甜感完美交融，厚重口感格外吸引男客。把寫上「贈予」的布料放入水中，布上的字會在五～十分鐘內消失，以提醒客人在調茶最好的時機點品嘗完畢。藉由調酒師與客人間如朋友般的互動連結，以及在布條上書寫姓名的專屬感來吸引客人，適合作為生日獻禮。

06
這不是津津

NT$180

自製的澄清小黃瓜水加上梅子糖醋，綴以如冰棒般亮眼的冷凍蘆筍，酸甜輕盈有如沙拉般清爽。搖盪後泡沫綿密，邊喝邊吃格外過癮。以180元的平價及酷炫的品名吸引來客，讓不喝酒的客人皆可從這道醋飲中得到類似調酒的滿足與新鮮感。

07
Espresso 馬丁尼的 Twist

NT$350

百分之百小麥蒸餾成的伏特加加入咖啡利口酒、橙花水、澄清番茄水；酒香、咖啡焦香、花香和果香極致交融，翻轉來客對經典調酒 Espresso 馬丁尼強烈刺激感的既定印象；有點甜又不會太甜的柔和口感就像在吃咖啡甜點，特別能吸引女客。

VG Cafe' Taipei

OPEN DATA

營業基本DATA

每月目標營業額：180 萬

店面面積： 40 坪

座位數：45 個

單日平均來客數：62 人

平均客單價：950 元

開店基本費用

籌備期：10 個月

房租、押金： 24 萬

預備週轉金：100 萬

空間裝修費用：300 萬
（包含改結構、裝潢、設計費）

家具軟件、餐器用具費用：100 萬

廚房設備費：200 萬

初期料理試做費用：20 萬

CI 或 LOGO 規劃、menu 等周邊小物設計與製作費用：10 萬

行銷物資費用：2 萬
（網路行銷經營）

每月營業支出占比

店面租金 10%

水電、網路 8%

食材、酒水成本 34%

人事 31%

行銷經費 5%

雜支 5%

空間、設備折舊攤提 7%

每月營業收入占比

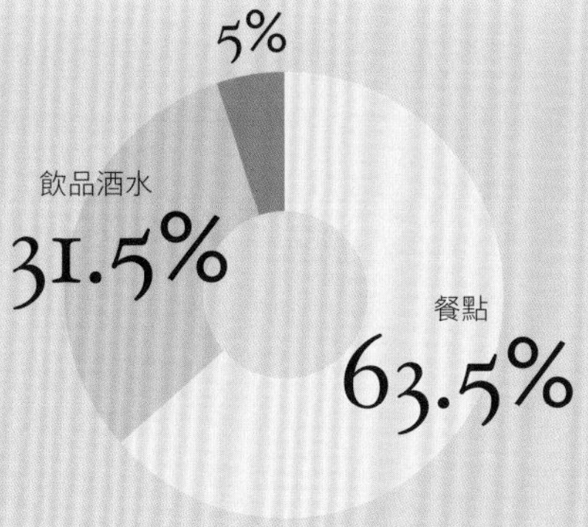

當代混血

Dee 好得生活／南洋文化餐酒館

品嘗道地泰菜
徜徉於南洋風情的感官旅行

以意味著
美好、優雅、善的信念之泰文
「ดี- dee」為名，
Dee 好得生活／南洋文化餐酒館
希望每位來到店裡的人
不僅能享受到豐盛的美食佳餚，
更能感受到
dee 好得生活精心營造的
南洋文化氛圍，
獲得「美好的」感官極致體驗。

文・盧心權　攝影・張藝霖

Dee 好得生活／南洋文化餐酒館

店址／台北市大安區敦化南路一段 157 號
電話／ 02-2741-0136
Web ／ www.facebook.com ／ dee.taiwan
營業時間／周一至周日 12：00 至 22：00
目標客群／25 ～ 50 歲重視生活品質、喜愛泰式料理的族群

「這是我從十歲開始就有的想法！」Dee好得創辦人黃允宸說自己從小就想開店，尋尋覓覓花了25年，終於醞釀出一個成熟的想法，找到自己想說的故事。

原先學產品設計的他，曾任Acer資深趨勢開發設計師及和HTC資深產品設計師。大學時了解到「亞洲黃金十年」之觀念，並從世界趨勢的發展中看出，在目前世界文化的大融合與衝擊下，唯有泰國等東南亞國家還未加入，潛力可期。他也發現泰國年輕的一代並不會想去顛覆傳統，而是會去繼承傳統、尊敬傳統再將其與現代文化融合並發揚光大。由於對於有「融合」特色的泰國文化和泰國菜和相當喜愛，黃允宸本著「做設計是在創造產品氛圍，開餐廳也是同理」的理念，決定開餐廳一圓創業夢，並花了3年時間，在泰國跟隨當地大廚學習真正道地的泰國菜。

做設計與開餐廳，都需要創造好的產品氛圍

因設計的養成背景，讓黃允宸十分重視餐廳氛圍的營造，2015年開設Dee好得第一個店面時，整體空間設計著重在「完整地呈現泰國文化」，大量使用回收木頭與重新設計的五金，呈現曼谷新舊混合的演進過程，與泰國深遠的文化溫度、生命力及新思維崛起，以達到文化傳承與重新詮釋。2018年搬到新店址後，則以呈現新泰皇上任後的新泰國時代／新南洋意識思維為主，大量使用越南竹、泰國古董家具、皇室貴族的紅銅器等東南亞各國混合材質，甚至原植物生態呈現，來表達南洋在地的意識形態崛起、甚至是經濟崛起。當顧客來到店中彷彿置身泰國，身歷其境地感受南洋文化的優雅、美好與融合特質。

分享美好的事物，創造與客人共同的連結點

黃允宸一直以來都希望藉由創造富有溫度和意義的事物，來分享傳遞人性中溫暖與價值；而烹飪對他來說，便是如此。在泰國流浪的那段時間，感受最深的莫過於泰國人對於生活的態度與美學，以及淵博的文化世界觀，所以經過長時間的歷練與自我成長後，他重新去定義了「好的人事物」，並藉由Dee好得這樣的平台去分享他心中美好事物的異想世界。

A 竹編燈混合綠葉植物，與其他泰國古董家具、皇室貴族的紅銅器等物件，一踏入店裡便能立即感受到濃郁的南洋在地美學風格。

B 竹編燈的元素由內延伸至外側走廊，成為敦化南路上極為顯目的店面風景。

C 由上垂吊而下著尺度巨大的越南竹編燈，是特別訂製的特色燈具，點亮整體空間氛圍。

C

B

Dee好得原先設定的主要消費客群是「30至35歲，想要享受好的生活的朋友」，開店之後，女性顧客占70%，顧客年齡則集中在27至40歲；放鬆而商業性較淡的地理環境，意外地吸引到一些45歲以上的顧客，而道地的泰國味則吸引到不少去過泰國旅遊回來、想再次回味道地泰菜的人。

黃允宸強調，Dee好得的服務方式是友善但不會完全以客為主，而是把顧客當作朋友，並主動去了解客戶需求、用專業建議幫顧客貼心配菜、客製菜餚，並且與客戶交流而產生連結。平日黃允宸與員工的互動亦是如此：在工作上雖有上下之分，但用餐時都是一起吃一樣的東西；下班後，他甚至還會與員工一起吃宵夜、喝酒放鬆，就如朋友一般。

原汁原味重現，堅持最地道的滋味

Dee好得的主要料理菜單包括傳統南洋地方料理、南洋海島式料理、精選啤酒與南洋海島式調酒與精選紅白酒等，由於堅持料理成果要做到如當地一般，需使用的新鮮香料與特殊食材，多達90%直接進口自東南亞。為了提供顧客健康、無負擔的味覺體驗，Dee好得一概使用新鮮香料來做醬料與冷熱食，從溫度與濕度，嚴控醬汁的品質與酸鹼度，以保持醬汁的穩定度與獨特性，入口後的感受溫潤深長，而市面上的店家，常見到使用成本低廉、味道強烈的化學香料，卻沒有口齒留香的餘韻，更何況化學的香料對人體有害無益，這更是Dee所堅持要帶給消費者，美味需和健康同在的理念！

一個具有回憶溫度的品牌，經得起時間與市場的淬鍊！

招牌菜海鮮蝦餅，也是用新鮮的海鮮與蝦漿製作，取代坊間慣用的低成本薄餅。上桌時鮮香撲人，表皮金黃香脆、內餡口感紮實Q彈，沾醬吃酸香開胃，讓人忍不住一片接一片，量多味美，是客人必點且值回票價之料理。

行銷著重口碑式傳播

在經營策略上，黃允宸說自以一直在尋找更有趣的模式來提供服務，過去Dee好得只做晚上跟宵夜時段，搬至新地點後，他觀察來客數量與時間帶，將消費模式與菜單架構重新調整，現在以中午跟晚上為主，並新增了午茶時間，三個時間段提供不同品項的菜單。經長時間反覆試煉後，不時也會出現驚喜菜色。

現今許多商家都利用網路行銷

D

F

E

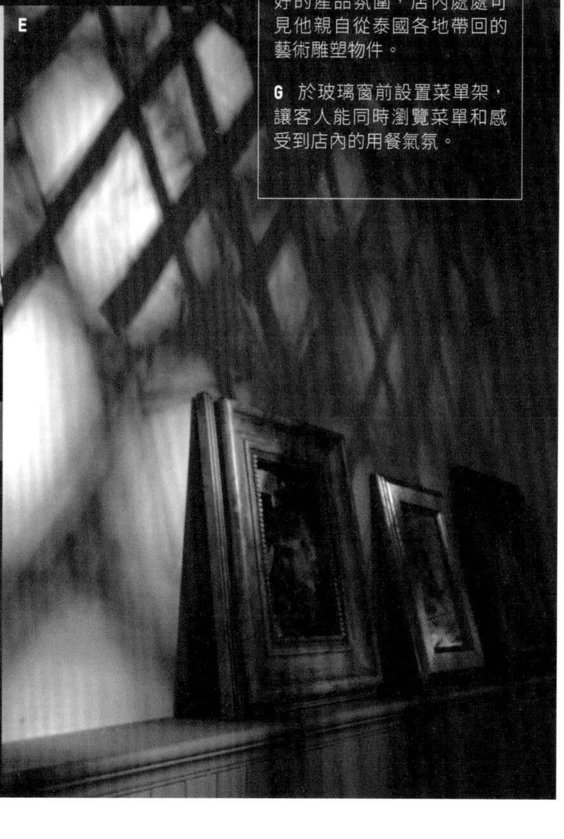

G

D E F 對黃允宸而言，開餐廳與做設計一樣，需創造出好的產品氛圍，店內處處可見他親自從泰國各地帶回的藝術雕塑物件。

G 於玻璃窗前設置菜單架，讓客人能同時瀏覽菜單和感受到店內的用餐氣氛。

來打開市場，雖然Dee好得已有臉書、IG，2018年成立YouTube頻道，但黃允宸卻認為行銷的核心精神還是在於「先把本業做好」——希望回歸最原始也最具穿透力的好口碑相傳模式，以紮實的職人精神去把餐飲的本業做好——把餐飲做得好吃，並讓店裡的環境氛圍與時變化、創新——然後透過人與人之間真實的紀錄與分享，自然地吸引顧客。

設定具彈性的SOP，富有實驗精神

在管理方面，除了重視生產成本、料理品質、人力調配外，黃允宸也擬定了烹飪的SOP，將配料、配重標準化，來維持餐飲的穩定度，不過因為「人是活的，料理是活的，環境是活的」，所以他設定了彈性的流程規範，保留了一定的空間讓廚師可以靈活調整。此外，Dee好得的員工每隔一兩個月就需輪調一次工作，每位員工需熟悉不同崗位的流程規範，並接受團隊的考核，以保證餐點與服務品質的穩定度。

遇到有主見、想法的積極員工，是團隊活化契機，但領導者要有智慧，懂得尊重與放權。黃允宸會設定好廚務的大方向後，也會允許員工在實際執行時嘗試不同的做法。「遇到不同意見時，我通常會用實驗的方式先讓員工用自己的方法去做，如果行不通，團隊自然會正向溝通並接受原先設定的方法了！」例如烹調時，讓廚師在容許範圍內彈性調整了一些細節做法後，如果這段時間所接到的客訴較多，黃允宸就會要求廚師改回原來設定的做法，這樣的方式運作起來雖不會很順

JKL 所使用的新鮮香料與特殊食材多達90%為進口，料理品質與味道水準與當地如出一轍。

H 店內也有販售精選自泰國與南洋各地的生活用品。

I 內外場以玻璃區隔，形塑視覺上的延伸效果與空間的通透感。

暢，而且會花很多時間，但卻會讓員工有參與感，且能激盪出更多好的火花，彼此都能學習到新東西。

把反饋當作改進動力，永保熱情與自律

過去從事設計15年的經驗中，黃允宸鮮少與消費者直接互動、得到直接反饋，而投入餐飲業後，他才開始真正直接面對客戶的挑戰。「在餐飲業裡，消費者的感受是好與壞，都會直接與明確地顯現在他們的情緒與表情上。」一開始面對客戶的抨擊，黃允宸覺得是一種打擊，但後來換個角度來思考，客戶的反饋其實也是讓Dee好得和自己進步的動力，於是，他便以謙卑的態度去面對一切，把任何反饋都當作是完整自己人生的一部分。

創業過程中，從房東之間的紛爭、到泰國請來坐鎮的泰籍主廚因家中有突發事故不得不回國，獨留他撐起廚房，黃允宸說自己幾乎什麼怪事都經歷過了，不過他並未被困難擊倒，而是微笑從容地面對一切。對黃允宸來說，做餐飲就像是一種意志力的挑戰，「自律的精神要很好，才能堅持細節，給予顧客最完美的體驗。」無論是硬體或軟體方面，Dee 好得皆無固定模式，並會將營收提撥出固定比例，用在餐點研發與硬體設備之提昇上，持續尋求突破與成長，讓顧客每次來店時都能有不同的新體驗。

從開店的第一個月就是正營收，Dee 好得熟客的回流率約有八成，但黃允宸並未因此而自滿。他每天都不斷地思考該如何把店做到最好，並且像變形蟲般不斷地修正、調整；他期許自己把經營 Dee 好得的每天都當最後一天在做，把每一件事都盡力做到完美！

M 錯落的光影使空間充滿了一股慵懶、緩慢的印象，是 Dee 好得營造氛氛的秘密武器。

三大獨特特色

Dee 好得生活／南洋文化餐酒館

01

為提供顧客健康、無負擔的味覺體驗，一概使用新鮮香料來做醬料與冷熱食，讓顧客體驗到深長溫潤的味覺記憶；堅持食物原萃，新鮮香料與特殊食材 90% 來自於東南亞進口，且經嚴格篩選。

02

提供道地的原味泰國菜和有質感的南洋文化氛圍，讓消費者在台灣就能享受到泰式生活美學所帶來的溫度與美好，體驗到南洋文化的優雅與融合特質。

03

無論在硬體或軟體方面皆無固定模式，將營收中的固定比例提撥於餐點的研發及硬體設備的提昇上；就像是一個實驗場所般，持續尋求突破與成長，讓顧客來店時常能有不同的新體驗、新感受。

做餐飲就像是一種意志力的挑戰，
同時要有自律力，才能做好細節！

Dee 好得主理人黃允宸。

Dee 好得生活／南洋文化餐酒館

Signature Dishes

01

傳統特製醬河粉

高端飯店式烹調的炒河粉帶有鍋氣、溫潤不爛，綴以香脆不爛的豆芽菜和韭菜，淋上特製醬汁，口感豐富細緻有如泰國的義大利麵。以道地泰國味和細緻口感吸引顧客，價格平實是入門菜色。

Signature Dishes

02

碳烤煙花豬

新鮮黑豬肉晒乾後以新鮮香料醃製；以烤牛排的烤盤模式去碳烤，外面金黃焦脆、裡面肉質軟嫩、油脂豐富而不膩，吃起來驚喜連連，很適合搭配啤酒。以平價及迥異於一般烤豬肉的泰式家常口味來吸引顧客，是必點的熱門菜。

03

碳烤娘惹海鮮佐現做香料沾醬

碳烤北海道扇貝和深海大蝦，外酥內軟、嚼勁恰當、肉質鮮美；沾以新鮮香料打成的特製醬汁，口感紮實而不膩。此為限量限定的海島式料理，以誠意十足的六顆大扇貝和六隻大蝦來吸引顧客，單價較高但適合四、五個人分享，客戶喜愛度很高。

04

新鮮手炒綠咖哩（雞腿肉／牛肉）

新鮮香料打成碎泥，再加入大量的油去炒綠咖哩，香料碎泥的香氣與精華會進入油中，讓咖哩香氣逼人，有別於坊間沒有油因此沒香氣的化學咖哩。遵照泰國傳統，以奶水而非椰奶來調製以保留咖哩原味，並在烹煮過程加入新鮮香料，香氣溫順撲鼻。

05

夜曼谷

以威士忌為基底，加上檸檬汁、蘇打水，最後再倒入暗紅的石榴汁，一層層堆疊渲染出由淡轉濃的橙紅色調，宛如曼谷從黃昏轉入夜晚的天空。因視覺效果亮眼，最適合拍照打卡，是女性客人的最愛，喝起來在微苦的大人味中帶有清新果酸。

06

Dee 手沖泰式奶茶）

以泰式奶茶專用的泰國手標紅茶茶葉沖泡，煉乳以當地的茶攤必備的小量杯計算，調和出香甜的完美比例，再加入台灣的仙草，變化出 Dee 好得版的手沖泰式奶茶。兼具泰式傳統風味與台式喜好，點單率第一。

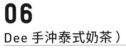

Dee 好得生活／南洋文化餐酒館

OPEN DATA

營業基本DATA

每月目標營業額：150 萬

店面面積：29 坪

座位數：53 個

單日平均來客數：45 ～ 75 人

平均客單價：500 ～ 700 元

開店基本費用

籌備期：36 個月

預備週轉金：200 萬

空間裝修費用：257 萬
（包含改結構、裝潢、設計、家具與設備費）

初期料理試做費用：100 萬左右
（含在泰國學習料理的相關費用）

CI 或 LOGO 規劃、menu 等周邊小物設計與製作費用：好得團隊／自行設計

行銷物資費用：好得團隊／自行規劃
（網路行銷經營）

每月營業收入占比

- 餐點　55%
- 飲品酒水　30%
- 場地租借　3%
- 活動　5%
- 自營或周邊商品　1%
- 外帶外送　6%

每月營業支出占比

- 店面租金　15%
- 水電、網路　5%
- 食材、酒水成本　30%
- 人事　25%

頂級牛肋眼
和州牛板腱
日本小田牛腹肉

當代混血

肉大人 Mr. Meat
肉舖火鍋

結合「火鍋」與「肉品選物店」概念
精品鍋物前鋒品牌

踏入沸騰的火鍋市場，
肉大人提供鍋物愛好者，
多國肉品搭配發酵湯底，
並讓東西方食材新結合，
除了深受台灣人擁戴，
更因美日媒體報導，
吸引不少外地客拜訪。
不以火鍋的單一經營模式劃地自限，
釀造出多元形式的美味。

文・王涵葳　攝影・張藝霖　圖片提供・肉大人 Mr. Meat 肉舖火鍋

肉大人 Mr. Meat 肉舖火鍋

店址／台北市敦化南路二段 81 巷 35 號
電話／02-2703-5522
Web／www.facebook.com/mrmeathotpot
營業時間／週二公休，12：00～14：30；18：00～22：30
目標客群／30～65 歲，對生活品質有基本講究、愛好美食者

往冒著白煙的湯鍋裡，放入青菜、菇類，肉片則快速地涮過，燙得剛剛好時，馬上夾起沾點自己喜歡的醬料，一口咬下熱騰騰食物的暢快，正是吃火鍋的幸福。台灣人對吃火鍋的熱愛，讓市場競爭十分激烈，除了吃粗飽路線的大眾平價鍋物，提供特定形式、口味或考究湯頭、肉品等特色鮮明的精品小火鍋店也一一崛起，專攻重質勝於量的老饕市場。而位於台北大安區巷弄內的「肉大人 Mr. Meat 肉舖火鍋」可算是此波潮流興起的前鋒品牌。

創業養分是
融合家學淵源與生活體驗

結合「火鍋」與「肉品選物店」的兩種角色，餐廳服務人員圍著紅色皮質圍裙，宛如歐洲時髦肉

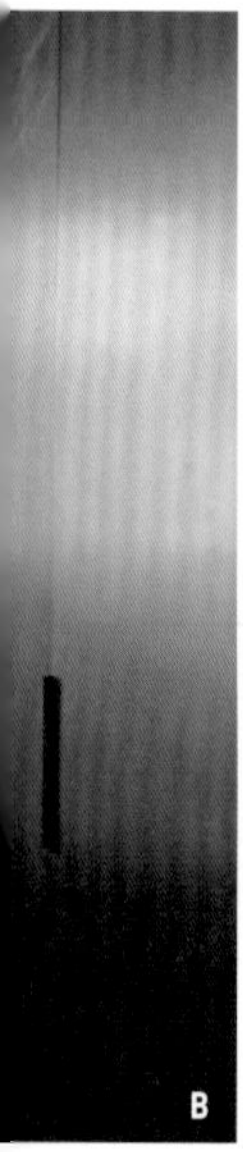

B

A

舖般的明亮展示，玻璃櫃裡的肉品，嚴選自世界各地，油花分布漂亮均勻、色澤粉嫩，透露出經營者陳冠翰對於品質的嚴謹堅持。雖然家中父執輩經營火鍋名店穩定有成，但他不選擇參與家業，反而重頭另闢出一條擁有自我風格的道路。

在火鍋店裡渡過大部分的成長歲月，陳冠翰長大後對餐飲業沒有排斥，但也不急於開店，因大學主修西班牙文，語言優勢讓他有更多機會接觸他國文化，培養出更寬廣的視野，同時也隨著生活與工作經歷的累積，創業輪廓慢慢變得鮮明，「店名會叫肉舖火鍋，是去到西班牙旅行時，覺得當地的肉舖概念，很適合與台灣的火鍋餐飲形式結合。」將在外見聞與家學歷練結合，逐步詮釋出屬於自己的火鍋配方，肉大

人主打發酵鍋底加上各國優質品種豬肉為號召，「我想這是一個非常好的結合，將新的品項融合在一起，不但象徵著這個世代的趨勢，也能代表我自己。」

感受時代的需求變化，架構品牌核心、精準行銷

吃火鍋的形態與價位在台灣是百家爭鳴，落差迥異。但就著本身喜好，伴隨年齡增長以及餐飲背景，陳冠翰願意花多一點錢提升品質與服務，而想提供有品質的食材必定反映在成本上，肉大人的菜單價格便落在中高價。另外個人鍋的用餐方式來自他對市場的觀察，「大火鍋與小火鍋有著不同消費情境。」多人一同吃鍋是承襲傳統的習慣，但伴隨社會結構改變與西方飲食文化風行，吃小火鍋不需相約的自主性，更適合現在的家庭組成與個人用餐需求。

A 嚴選高品質的各國肉品，是肉大人在市場展露頭角的最大因素。

B 店內裝飾特別使用近年當代藝術常見的霓虹燈飾，點綴出前衛的空間感。

C 門面圍牆的新面貌，邀請塗鴉藝術家前來妝點，打造屬於肉大人的專屬角色。而肉大人簡單好記的名字，有來自長輩的提點，「早一輩人會選擇對稱的字體當成店名。做成招牌正反面看起來都相同，沒有方向性。」

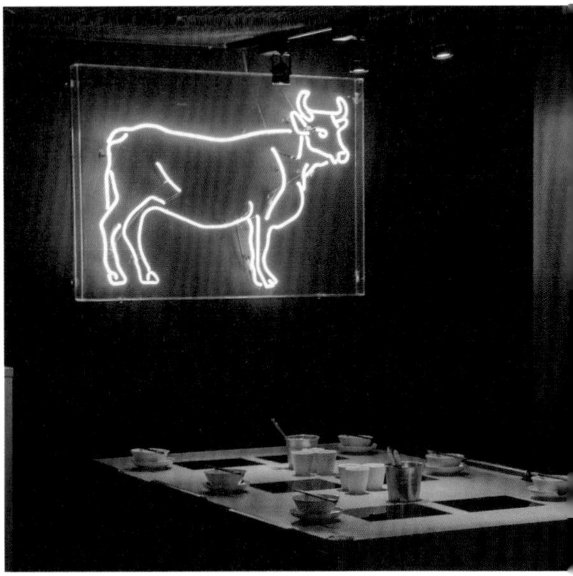

因品牌定位，肉大人來客面貌有著顯著特徵：獨自享用的單身女性、年輕族群和為數不少的日本客人，都是座上嘉賓。但也因中高單價，最能理解肉大人品牌價值的熟客群，卻比他們預期中的年齡層來得高，對此，在選擇合宜的行銷方法時，看準信用卡別所屬的高端用戶，會是潛在客群，藉由和信用卡公司合作，提供刷卡優惠，擴大來客族群。

打破淡旺季，在夏天也想吃火鍋的秘訣

端午過後直到鄰近中秋，是台灣長達好幾個月的溽暑，對於火鍋店的生態，陳冠翰是從小看到大，面臨淡旺季來客的洶湧變化，

創業第一件事情，要先寫下菜單，用菜單去計算成本。

肉大人不在價格上競爭，而是強化餐點內容，研發季節限定鍋底與冰品，過往曾在夏日推出清爽的「酸酸番茄開胃鍋」、溫補的「肉骨茶可可鍋」，更進階在經營形態上做變化，化身為「肉大人午間麵舖」，將熱門湯頭做成湯麵和乾麵，以親民價格和不費時間為吸引力，受到周邊上班族的親睞。另外火鍋店必備的冰品，不因方便行事選擇現有品牌，而是尋覓廠商做出特色產品，以肉為發想，陸續與台南蜷尾家合作「Meat棒」或與宜蘭小林冰堂的「肉紋冰淇淋」，外觀吸睛又美味消暑。

火鍋備料的繁簡可以由少數供應商包辦，但在肉大人前期籌備中，找食材是花費最多心力，卻也是陳冠翰覺得最好玩的部分，時常找朋友來家中「試鍋」，測試不同肉品與湯品的結合，每樣配料皆為主角，都由叫得出名字的信譽商家供貨。主導肉大人對外行銷方向的陳祖平，是陳冠翰的創業夥伴以及人生伴侶，飯店管理背景出身，擁有紮實的行銷公關經歷，從她的觀察，為肉大人的品牌定位下了一個有趣的註解，「每家店都有自己的風格，如果是以音樂來說，我們認為自己的店像獨立音樂。」不走迎合大眾市場的套路，用心開發自己的路線，也不排斥與他人合作，陳冠翰將肉大人視為交流平台，

D 牆上裝飾畫，並非真實的肉紋。靈感源自18世紀油墨印刷過程中，所產生的紋路乍看就像油花局部圖，設計師將此轉換為空間中的主要視覺。

E 個人鍋的用餐形式，貼合現時的飲食方式，一個人到火鍋店也可以吃到好又吃得巧。

「在經營上分享這件事是很開心的。對於消費者而言，他們也會想知道，這些食材是從哪邊來的。」

外媒爭相報導，回歸服務基本面

肉大人在精品小火鍋領域擁有一席之地，過程是客人們之間口碑相傳、也有行銷推力，其特殊之處吸引外媒登門採訪，開業三年間，有來自《紐約時報》的美食專欄、也有《食樂》為首的日本雜誌相繼報導，讓外國旅客按圖索驥慕名而來。來到店中的外國面孔又以日本客最為頻繁，面對為數不少的外籍客人，服務層面的再進化，針對菜單和外場人員訓練上琢磨不少，「我們會請家教老師，來教大家基礎日文。」口語不足之處，就得靠菜單的精準翻譯，為此特別請來中日語流利的前日籍外交官，為肉大人日文版菜單寫下生動又活潑的描述。

做餐廳管理，不能只看最好的地方，而是看哪裡做得最不好，把它改進，這才叫做管理。

經過「發酵」的美味關係，吃火鍋也能享受餐酒樂趣

如同肉大人的誕生來自陳冠翰的多年醞釀，對於發酵這件事，他用著滿腔熱情這麼說：「我非常喜歡發酵，因為需要花時間，不能速成。」店中每樣鍋底研發都以此為源頭，開店前他還進修了葡萄酒知識，「同樣是發酵產品，我覺得裡頭有些數據可以參考。」在火鍋店內遞上酒單，更是前所未有的餐酒搭配，「葡萄酒裡的丹寧是風味的地基，讓接下來進到口中的食物，像蓋房子一樣層層疊疊，變得更豐富。」發酵食材加乘搭配，構出的迷人滋味，肉大人在牆上這麼寫著，「發酵是件奇妙的事，經過發酵變成新食材；人也是，經過時間變成更完熟的人。」

除了紅白酒，肉大人裡也提供啤酒，但陳冠翰想翻轉台灣的拼酒文化，選擇風格相符品牌，除在地精釀啤酒外，有款價格不尋常的酒款藏身其中，是被暱稱為「香檳啤酒」的西班牙金星啤酒，來自傳奇餐廳「鬥牛犬」（El Bulli）裡專屬料理的搭配酒款，由當地葡萄酒老廠以三種小麥釀製而成，原為店中限定而後才對外量產發售，其中迷人的清爽花香與果香，細膩的氣泡如香檳，與厚實口感的鍋物相得益彰。

F 火鍋佐紅白酒的服務設計，讓吃火鍋的過程更令人享受。

G 宛如歐洲時髦肉鋪般的明亮展示，來者一眼即能看到玻璃櫃裡的新鮮肉品，不但便於挑選也吃得安心。

經營者的責任與義務，時時謹記心頭

陳冠翰思索經營方針，自己也認為好玩、有趣的事物才有發展下去的獨特性，但看似輕鬆的背後，他在食品衛生上是嚴謹以待。回溯規劃店內藍圖，他選擇從廚房開始著手，「第一個是安全考量，廚房有兩個門可進出，另外在工作環境中保留空間轉身，儲藏空間也很重要，在食品衛生上，定期進行安全講習，到衛福部進修關於食品安全課程。」對外做到品質把關，對內的員工照顧更是以誠相待，很多隱形支出也是當了老闆才會知道，員工的保險、供餐、進修……，皆是必須投入的費用。也許在一般人想像中，餐廳是有個廚房，擺上桌椅就可開店經營，但開店之後才是創業真正的挑戰：營業額的考驗、維持一家店的生計、照顧員工的責任。「單純好吃是不夠的，這裡頭蘊含太多的面向需要考量。」

餐飲業裡有些不變法則，除了家人的耳提面命，陳冠翰在親身創業歷程後是更有體悟。以肉大人的名字踏出穩定舒適圈，想在年輕的時候用自己的力量，期望能在餐飲業做得青出於藍，更勝於藍，陳冠翰用火鍋作為創業起始點，秉持著開放思考、勇於創造的特質，在未來還有更多他想嘗試的領域。

肉大人主理人陳冠翰。

肉大人 Mr. Meat 肉舖火鍋

三大獨特特色

01

以「發酵」為主軸，研發各式湯底，結合中西食材像是美食選物店，除了肉品、蔬菜也是用心選擇，讓素食者前來也能安心享用。除了主餐無懈可擊，連甜點冰品都令人期待，與在地優質品牌，合作限定冰品。

02

酒單中除了台灣精釀啤酒，在火鍋店裡享用葡萄酒佐餐，更是獨創，酒中丹寧讓肉類香氣與口感，更顯層次，提供講究老饕新搭配。

03

以湯頭為開發品項的源頭，不以鍋類發展為侷限，淡季推出麵食吸引消費者，更推出外帶包裝及年菜，進軍連鎖超商通路。

肉大人 Mr. Meat 肉舖火鍋

OPEN DATA

營業基本DATA

每月目標營業額：1,500,000 元

店面面積：36 坪

座位數：48 個

單日平均來客數：65 人

平均客單價： 900 元

每月營業支出占比

- 店面租金　8～9%
- 水電、網路　2%
- 食材、酒水成本　30%
- 人事　35%
- 行銷經費　2%
- 雜支　2%
- 空間、設備折舊攤提　10%

開店基本費用

籌備期： 2 個月

房租：15 萬

預備週轉金：150 萬

空間裝修費用：350 萬

家具軟件、餐器用具費用：100 萬

廚房設備費：90 萬

初期料理試做費用：5 萬

CI 或 LOGO 規劃、menu 等周邊小物設計與製作費用：25 萬

行銷物資費用：0 元
（網路行銷經營）

每月營業收入占比

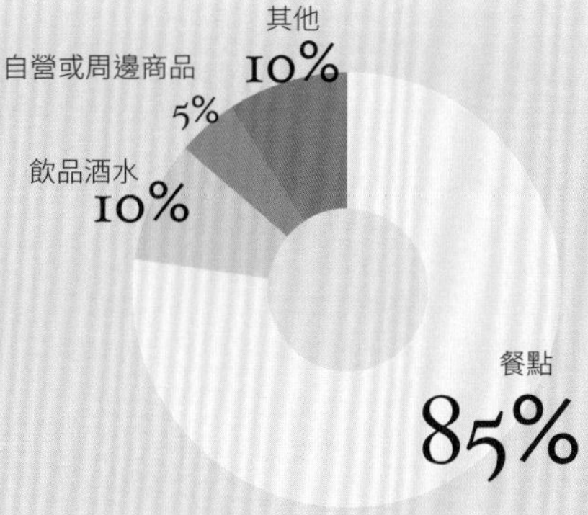

05

泡椒麻辣鍋底

曾經的冬季限定湯頭，抵不住嗜辣者的喜愛，成為菜單裡固定一員，泡椒經過時間發酵，為麻辣帶出有層次，鍋底內含經典配料豆腐鴨血，以及牛肚牛筋，滿足吃辣的癮頭。

06

伊比利豬梅花

肥瘦比例 9：1 的伊比利豬，搭配酸白菜鍋底煮上五分鐘，大家害怕的白花花油脂，轉化成帶有堅果香氣入口不膩，是初訪肉大人的最佳選擇、也是熟客的定番肉款。

07

肉紋冰淇淋

由宜蘭小林冰堂獨家製作，選用紅色系水果，混色做成肉紋視覺感的清爽冰淇淋，是吃完火鍋的完美句點。每批口味針對時節水果限量發售。

08

麻辣豬腳

選用究好豬的豬腳與尾巴，以私房老滷花時間慢滷入味，Q勁富含膠質的口感，除了內用，也提供真空包外帶選購。肉大人曾在過年期間推出外帶年菜，麻辣豬腳更是其一的精選菜色。

Signature Dishes

01
酸白菜鍋底

鍋內的主角嚴選台南老字號延齡堂的高粱酸白菜，再加入白菜進行二次發酵，酸甜開胃四季都合宜。內含高品質蔬菜，搭配南門市場的蛋餃與川丸子、與名記豆皮，食材樣樣是強棒。

02
雲林究好豬

來自雲林的究好豬，肉帶皮的口感，代表台灣寫入跨國肉單裡，肉大人親訪產地，肉商從飼育到配送一條龍生產作業，全程履歷追蹤掌握好品質。

03
魔女聖地 Falanghina 單杯白葡萄酒

以酒佐火鍋，來自肉大人的私房推薦，也是獨創特點。發酵食品在口中相遇的美好，堆疊出不同層次風味，提供餐酒搭配新選擇。

04
肉大人的阿嬤肉燥飯

陳祖平分享家中常備菜，下飯的肉燥來自阿嬤的獨門配方：台灣黑豬肉、辛香料、洋蔥、香菇一同滷製，甘甜滋味來自切得細脆的紅蘿蔔，讓小朋友不挑食、大人扒飯的開胃好料。

URBN Culture

給雜食者的飲食新提案

近年的台北飲食圈，
滿溢著有目共睹的精彩豐富，
不用遠赴他方，就有嚐遍各國料理的機會，
除了不同菜系，
以「吃」引出背後的飲食文化，
更讓人有思考層面的反芻。
不特意標榜自己是蔬食餐廳的
「URBN Culture」，
想用食物，
讓大家更有意識的進食。

URBN Culture

店址／台北市大安區基隆路二段 252 號

電話／ 02-2378-8322

Web ／ www.urbntw.com

營業時間／平日 12 點、周末或國定假日 11 點開始營業
週五、六供餐至 22 點，其他天供餐到 21 點

目標客群／蔬食者、勇於嘗新、喜好藝文的年輕群眾

文・王涵葳　攝影・張藝霖

位於大台北忙碌的交通樞紐上，高架橋入口的大馬路旁，獨棟的 URBN Culture 有著兩層樓的寬廣，灰藍的建築襯著高大的綠蔭，在冷調色彩的基底前，揮灑著店名的塗鴉牆與紅色的戶外座椅，做出了視覺上的反差衝擊。店名裡的「URBN」是英文 Urban 的縮寫，主理人Jun 對於都市文化的樣貌沒有刻板印象，覺得每個城市都有屬於自己的文化，她出生自馬來西亞，生活在紐約多年，當過舞者與樂手，這些年定居台灣，開啟以食為業的大門。

在通往成功創業的路上

URBN Culture 其實已是Jun 經營的第四個餐飲品牌，一開始會踏入這個產業，是因為有段時間她常去台北的「樂子咖啡」用餐，因而提出合作想法，從熟客變成

A B C 在城市中帶有粗獷工業感的外觀，讓人驚呼和紐約布魯克林有著相似氣息。

D 主理人 Jun 的藝術背景，曾旅居世界各地，為 URBN Culture 注入不同文化面貌。

合夥關係。在合作的這段時間裡，她開始修習瑜珈，秉持著環保的念頭，慢慢也在飲食中減少吃肉的量。當時的店面有一位常客並不是個蔬食者，但最喜歡的一道菜卻是時蔬義大利麵，喜愛到對Jun說出：「我願意在這裡當個蔬食者！」這讓Jun靈感湧現，「如果我開一間餐廳，都是無肉料理，但不要標榜著蔬食呢？」蔬食料理在台灣尚未興盛的彼時，眾人對於無肉料理，仍停留在養生的想像，Jun的概念期望以此打破大環境對蔬食的框架。

在與他人合夥創立品牌、經營的過程中，必定少不了團隊間的意見分歧，但每一次的不順利都是學習，每段事業都為Jun串起下一段開端，多年後她決定離開過去一手打造的心血，開啟在餐飲領域的全新代表作URBN Culture。

重返創業原點，開創事業新高峰

「讓你吃了感覺良好的真食材」這句話寫在URBN Culture的簡介裡，承襲著Jun不想把店定義在蔬食領域，而是一間讓人對於「吃」，擁有更多意識的一家餐廳，「每一次吃東西，你都有意識地了解吃進嘴巴的是什麼東西，並意識到自己可以有更多選擇。」

「吃」、「吃飯」並非單純求吃飽，或是滿足口慾。開店後實際來客族群回應著Jun的初衷，非蔬食者的比例佔了半數以上，URBN Culture確實成為不分族群都能喜愛的無肉餐廳。對於店內的夥伴選擇，Jun也從不刻意只採用某種特定飲食習慣者，但提供夥伴們不同思維的菜單，給予大

家多方嘗試的機會，「有些夥伴發現在這裡工作，不知不覺中很容易就一周沒吃肉了。也有一位夥伴目前已經是蔬食者，甚至考慮進入全植（Vegan）。」想推動不同的飲食習慣，Jun理解不能超之過急。

當精釀啤酒遇上蔬食文化

踏進店內，左側牆上，有著精釀啤酒製程步驟的插畫；望向吧檯，一整排啤酒拉霸提供最新鮮的飲用，這是URBN Culture的堅持。精釀啤酒的有意思，來自不同釀酒師的材料選擇、釀製的手法，小廠牌比起罐裝商業啤酒，更有獨立性的特質，也與Jun想傳達的品牌故事線貼合相符，「原先我沒有特別愛啤酒，但因為開始接觸，每次去喝，遇上熱情的朋友，分享如何品嘗啤酒、和釀酒的故事。」啤酒不分年齡族群的特性，以及精釀啤酒近期掀起的風潮，為URBN Culture的原創精神更添風采。

不分族群 都會喜愛的用心料理

嘗試過全植（Vegan）、無麩質與生酮飲食型態的Jun，正因曾經經歷，經營起餐廳，更能理解不同族群的需求。URBN Culture的廚房內場，從冰箱、烹煮器材到食器，嚴禁碰觸葷食，菜色中保留對蛋奶、辛香料的調整幅度，這是對蔬食者的品管保證；對於非蔬食者，不犧牲食物的色香味，菜單裡有道「全植水牛城辣雞翅」，選用印尼傳統食材「天貝」——發酵過大豆壓成的餅，吃起來有著雞肉口感，配上腰果起司醬，兼顧美味與健康，全然打破

E URBN Culture 的獨立精神也體現於酒類挑選上，提供新鮮的現拉精釀啤酒，多款有記憶點的風味，別於商業啤酒的單一口感。

F 不以裝潢掩蓋建築物特色，裝修階段加入不同巧思，釋放空間的結構成為設計的一環。

F

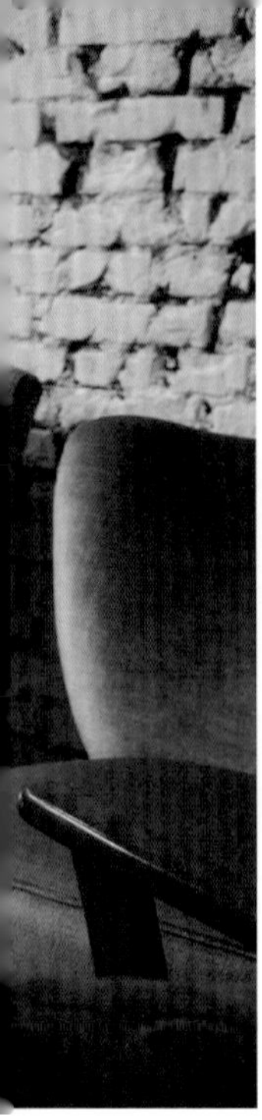

G

對吃素的想像。談及食材的選擇，回歸主軸裡「有意識的進食」，選用無抗生素的雞蛋、無基因改造食材，把關吃下肚的東西，也同時對環境盡點心力。注重成分的細心，也推及到啤酒的成分上，「啤酒都是素的，但對全植來說，蜂蜜或是黑啤裡常用的乳化劑，那就不行。」

URBN Culture 長期推廣「週一無肉日」，不收服務費，是對非蔬食者的邀約。「如果我用很說教的方式，去說飲食和環保應該要怎樣做，這會讓人帶有內疚感去吃素，這不是我想要的。」

不只是餐廳，文化交流的場域

對初訪 URBN Culture 的人來說，除了食物驚艷，還有環境整體氛圍帶來的。在裝潢的階段，Jun 理解自己的需求，「我給設計師主要的概念方向，但交由他自由發揮。」不刻意修飾，保留粗獷美感，「拆除天花板的隔板，露出房子的原始結構；門外的電箱，不是用全部包起來的方式掩蓋，而是用裝飾讓它與環境融合。」

從正午時分，營業到夜深，不同時段來到 URBN Culture，或是坐在不同角落，皆能體驗到不同氣氛。一樓的座位緊鄰著吧檯，熱鬧而人聲鼎沸，想感受城內的年輕氣息，坐在這裡準沒錯；走上二樓，像切換至不同場景，選個有陽光的午後，讓灑進來的光線透過大片落地窗，為用餐時刻添上悠閒。空間裡的講究，也經由不同配置展露無遺，方桌、圓桌或長桌，滿足不同的來客結構，

H

每把椅子都不同，卻和諧共存。與Jun不分族群的理念相互呼應。

空間裡的多元性，不只呈現於風格，發生在裡頭的事，也很值得一提，URBN Culture不劃限只是間餐廳，過去曾舉辦過講座、手作工作坊、市集與展覽，匯集著人與人交流，透過吃，延展出不同的發展性。

找出與自己事業的平衡感

URBN Culture曾經前進百貨地下街駐點，開立分店URBN Underground，Jun不諱言的說：「百貨公司的屬性，對我們這樣的style不完全適合，合約滿了，也就不續約。」重新調整經營的步伐，未來若想拓點，或許會是全然不同的模式。

Jun的創業經驗豐富，也曾有朋友向他請益開店秘方，提及創業眉角，清晰的動機是創業第一步，「做足功課後，能完整而簡短的說出理念。」除了理想，更要清楚自身的市場辨識度，「開一家不賠錢的餐廳，一定要先分析能賺錢的理由。」人才流動快速，對中小規模的餐廳來說，會是潛在危機，「因此在開店之初，最好能親力親為，對各事務有著清楚的理解，就不怕一時間找不到人。」

G 不定時舉辦工作坊、展覽，多元化的經營，創造人與人間交流的機會。

H 二樓落地窗前的沙發區，是Jun推薦店內最舒心的位置。

回顧創業遇上的困境，Jun 保持著正面心態，「勇於歷經失敗與錯誤，才有累積經驗的機會。」而「平衡」是她最常提到的兩個字，透過瑜伽找到身體與飲食的平衡、身兼創業者與母親身份，找到工作與生活的平衡。URBN Culture 的誕生，在飲食領域越往精緻層面發展時，追本溯源「吃」的目的，期許能平衡較少的蔬食、過多的肉食。

吃，不僅是滿足口腹之慾，我們都應該更有意識地吃，意識到自己可以有更多選擇。

URBN Culture 主理人 Jun。

URBN Culture

三大獨特特色

01

用心挑選對身體與環境好的真食材，無肉料理結構，歡迎各種飲食族群來享用。蔬食加上精釀啤酒，餐酒搭配好新潮。推廣「週一無肉日」，不收取服務費。

02

每日提供至少五款新鮮現壓的精釀啤酒，嚴選本地廠牌，並用威士忌杯盛裝，以窄杯口小口啜飲，更能品嚐出每一款精釀啤酒的獨特香氣與味道。

03

透過各式活動規畫，延伸出空間多元利用的可能性！不定時舉辦講座、工作坊，每個月更有不同藝術家進駐展覽，用餐同時也能看展，創造交流分享的場域。

URBN Culture

Signature Dishes

01

全植水牛城辣雞翅

NT$200

用超級食物「天貝」，搭配腰果起司醬，類比雞肉口感，但營養成分可是比雞肉還高，甜酸辣鹹的滋味，是暢飲啤酒的最佳配菜。

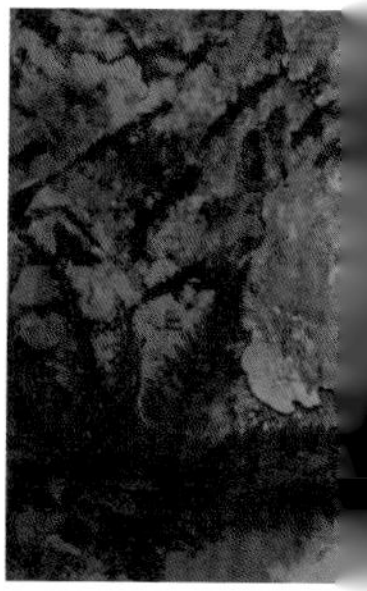

02

全植菠菜菇肉醬麵

NT$290

靈感取自波隆那肉醬麵，以新鮮的番茄醬拌炒洋菇，滿滿的醬汁包裹著細扁麵，香味四溢，無論視覺與味覺，都可媲美肉醬麵的美味程度。

03
泡菜起司三明治

NT$280

口感紮實的巧巴達麵包，來自向 Jun 毛遂自薦的年輕創業者，從酵母開始自己養起，花費時間堅持全程手工製作。內餡為泡菜加上半融化起司，實在是神來一筆的美妙組合，泡菜的酸甜有勁，富含幫助消化麩質的益生菌。兼具美味與健康。

04
無麥麩披薩 - 西西里

NT$360

用腰果粉取代麵粉，加上蛋、起司與酸奶，做出紮實酥脆的餅皮，不含麥麩且適合生酮飲食者享用。

URBN Culture

Signature Dishes

05
五小福啤酒拼盤

NT$500

由當日精釀啤酒中自選五款，每小杯 165ml，約莫半罐啤酒，可以獨享也可共享，適合只想微醺或是每種味道都想嘗試的啤酒愛好者。

07
花蕉派

NT$180

無蛋無奶的全植甜點，更是一道不含麵粉的無麩質餐點。使用香蕉與鹹花生作為慕斯材料，酥軟的底部用腰果泥加上椰棗製成，最後淋上椰奶、巧克力醬與碎花生，提供健康吃甜點的好選擇。

06
黃金拿鐵

NT$150

連全植都能安心享用的飲品，腰果奶加上椰奶的配方，南薑粉除了著上漂亮的金黃色，也具抗癌效果。喝下口，有著濃濃的南洋風情。

URBN Culture

OPEN DATA

營業基本DATA

每月目標營業額：120 萬元

店面面積： 62 坪

座位數：70 個

單日平均來客數：80 人

平均客單價：500 元

開店基本費用

籌備期：3 個月

房租、押金： 50 萬

預備週轉金：30 萬

空間裝修費用：500 萬
（包含改結構、裝潢、設計費）

家具軟件、餐器用具費用：25 萬

廚房設備費：35 萬

初期料理試做費用：3 萬

CI 或 LOGO 規劃、menu 等周邊小物設計與製作費用：5 萬

行銷物資費用：2 萬
（網路行銷經營）

每月營業支出占比

- 店面租金　12%
- 水電、網路　5.5%
- 食材、酒水成本　34%
- 人事　36.5%
- 行銷經費　6%
- 雜支　6%

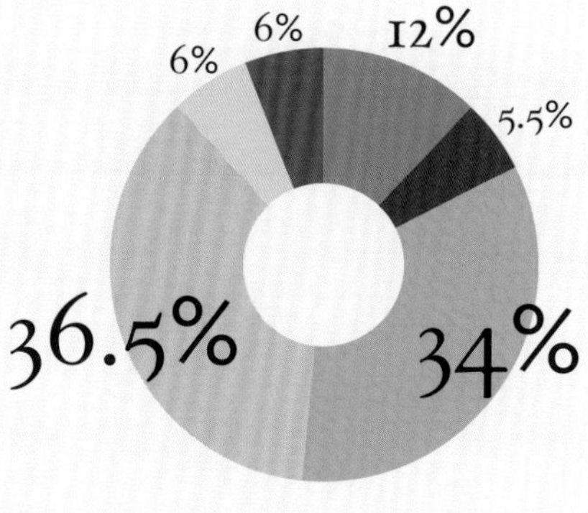

每月營業收入占比

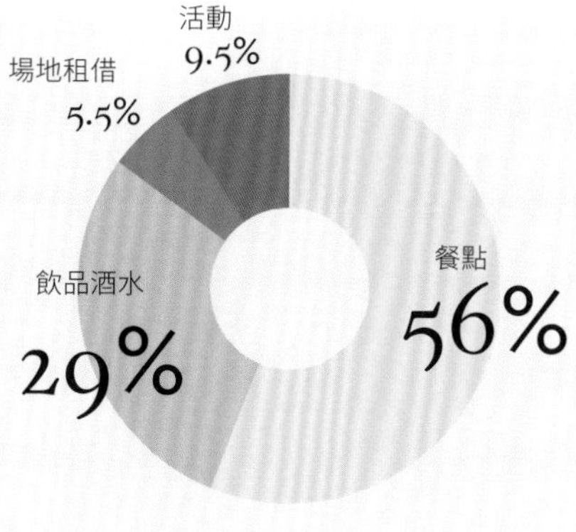

V E
E C R
E E K

自然生活提案

VEGE CREEK
蔬河

賦予滷味全新形象
有態度的蔬食生活方式

從一家巷弄小店
到深入各大百貨商場，
VEGE CREEK 蔬河，
成功將傳統台式滷味，轉化成
時髦、健康的全素蔬食品牌，
讓「呷菜」不僅能有趣又方便，
也是生活態度與風格的展現。

文・陳慧珠　攝影・張藝霖　圖片提供・VEGE CREEK 蔬河

VEGE CREEK 蔬河

店址／台北市大安區延吉街 129 巷 2 號
電話／ 02-2778-1967
Web ／ www.facebook.com/VEGECREEK
營業時間／周一至周日 12：00 至 14：00、17：00 至 21：00
目標客群／ 25 ～ 35 歲女性族群、素食者、上班族、家庭

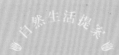

A 初期資金有限，故延吉本店落腳於租金相對較低的巷弄之中。

B 由植生牆為靈感設計出「蔬菜牆」的葉菜類食材陳列架，成為蔬河的品牌標誌形象。

C 在挑選麵類時，蔬河特別訂製金屬麵牌取代實體，環保衛生而精緻。

D 蔬河將夾菜的過程升級，客人可以自己提著店內購物袋，像買菜般慢慢精挑細選，更有樂趣。

VEGE CREEK蔬河的創辦人許凇堡、江金益，兩人在研究所就學時便開始思考未來職涯，想要創業的夢想，驅動他們決定先休學到澳洲打工渡假，累積到一定的創業基金後，即回台籌備開店。

找到蔬食的市場缺口，改良台式滷味服務

現代人生活型態忙碌，外食方便，但有豐富蔬菜品項的店家卻相對少見，大眾對「素食」也有既定的框架印象。加入蔬河多年的延吉人事組長洪儀真解釋：「一開始兩位創辦人沒有很明確的目標，直到在路上看見建築外的植生牆，才有了『蔬菜牆』的靈感，延伸出做餐飲、蔬菜滷味的想法。」找到明確的市場切入點，2012年於台北延吉街開設第一家店面。

結合蔬菜與加熱滷味，一方面因為市場獨特性，另一方面想推廣多吃蔬菜的生活價值，故取名為「蔬河」，清楚點出以蔬食為經營主力，「對於這家店最初的想像，是上班族、外食族群可以在一座城市裡，更容易地吃到新鮮原味的蔬菜，也是一群好友在下班後，有個自在吃飯聊天的地方。」負責品牌溝通的李鎧辰說出蔬河成立時的藍圖。

滿滿的綠蔬菜牆，經過設計的「挑菜」流程

和傳統滷味攤不同，走入每一家蔬河店內，目光一定首先被眼前蔬菜牆的滿眼綠意吸引，「希望大家多吃蔬菜，就像上超市買菜、選食材一樣愜意」的體驗設定，蔬河把平時在滷味攤夾菜的過程升級，變得更有樂趣：各類食材皆以生物分解袋妥善包裝、陳列於架上，葉菜類則是一把把像花束般，豎立在蔬菜牆上，客人可以自己提著店內購物袋，就像逛超市一樣，自在閒適地，慢慢精挑細選，最後再將一整袋選好的食材交給櫃台人員現場料理。

蔬菜牆每天擺上九種台灣在地葉菜，一般常態像油菜、地瓜葉，有時則依季節變化，如夏天才有的莧菜、空心菜，不但當季新鮮，也減少供應缺貨問題。北歐風格的滷料木櫃上，也常態提供近40種滷料：南瓜、紅蘿蔔等根莖類及非基改的豆包、百頁豆腐等提供飽足感；主食則提供六種麵類，並以金屬訂做的麵牌取代實體，環保衛生而精緻。

C

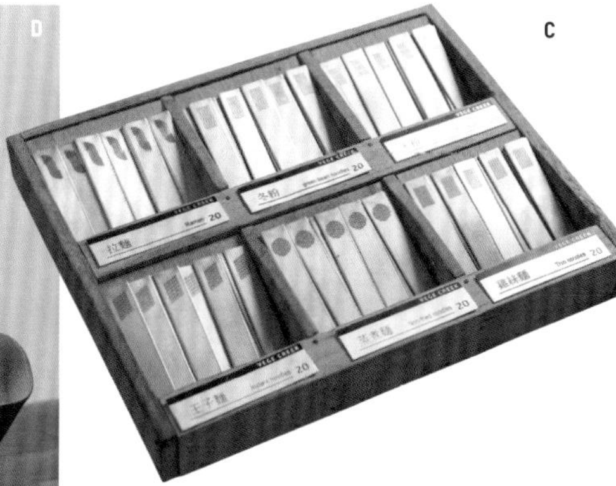

D

中央控管食材品質，第一線提供細膩服務

當然，回歸餐飲服務的基本——美味的料理——蔬河專屬的獨特滷汁湯頭也是許多人回訪的原因，創辦人自行研發的湯底中，使用多達十多種中藥材和香料，主要以當歸、甘草跟紅棗來平衡蔬菜的生冷。洪儀真提到：「客人很喜歡喝我們的湯，用餐過程會不時加湯，湯的使用量大。因此湯頭是讓各分店據點每天現煮新的湯底，透過統一的藥材滷包及食譜比例，讓味道可以做到一致化。」

但剛開始只有一家店，創辦人能親自每天清早上菜市場挑菜買菜，到多家分店的規模，食材的貨源掌握如何調整？「蔬菜是最重要的商品，也是我們自己採購，當然現在有菜商固定合作，也會看菜的狀況挑選品項。隨著分店增加，也設置了中央廚房，進行清洗、切分、包裝，再配送到每家店。有中央負責控管食材的品質及清潔衛生，各店舖人員的工作內容也相對更單純。」

少了繁瑣的備料，現場人員因此可以更專注於料理過程，並為平價的滷味提供更多細膩的服務，以增加常客回頭率——如延吉店櫃台邊的小盒子裡，有一套寫著：湯麵分碗、麵軟、湯多等字樣的小木夾，這是和客人互動過程中慢慢累積的小工具，客人點餐不時有特別的需求，數量一多難免出錯，藉由木夾的提醒，負責料理的人員便可依夾子上的文字，依序調整出餐的細節。

E F 因食材處理和控管由中央廚房進行，簡化店面工作流程，讓現場人員可以更專注於料理過程，而為了快速有效率地出餐，加熱爐台設計為同時可處理六份餐點。

G 經過挑選食材、整體服務、用餐空間的再設計，蔬河將大家熟悉的加熱滷味轉化提升其商品價值，找出市場缺口，成為品牌的利基點。

展店不忘品牌的核心精神

初期資金有限，加上市中心租金高昂，故第一家店落腳租金相對較低的巷弄之中。但巷弄內少過路客，生意乏人問津，大部分的客人都是附近住戶，洪儀真說：「剛開始，一天營業額不到一千元，這樣的營業額在台北東區真的很難支撐下去。」幸而隨著社群風潮興起，透過經營Facebook粉絲專頁，有了對外和不同客群互動的平台，能逐步向消費者推廣、溝通蔬河的理念。

開店近一年後曝光度慢慢累積增加，因品牌定位鮮明，成立第二年即受邀到誠品敦南店設櫃。開業超過五年，從小小的街邊店，現今已增加至九家分店，除了延吉本店和台中旗艦店，並分別在誠品、微風、新光三越和台北101，不同商場系統內開設共7間百貨櫃位店。

李鎧辰不諱言，百貨是最好的曝光點，能廣泛地接觸到不同屬性的客群，但正因如此，品牌對外傳播的訊息更要準確謹慎。「在操作網路社群的經營面上，或許台灣人很習慣用『小編』口吻溝通，但我們希望能以非『小編』式的，卻同樣讓大家感到舒服、親近的方式對話，分享各店日常發生的故事，或是和客人互動的生活記錄，走出自己專有的品牌調性。」蔬河團隊的經營思維向來不盲從，也不做快速即時的廣告促銷，但清楚每一次對外訊息、文字所要呈現的核心價值為何。

轉型明亮北歐風格，打造全方位的Vegan生活品牌

I

H

H I 蔬河的每一家店面，不論是獨立店或百貨櫃位都設有蔬菜牆與食材保鮮陳列架。圖為台北101之店觀與台中旗艦店。

J 經過轉型的蔬河，以簡約自然的北歐生活感為空間風格主軸。

K 近期所推出的品牌刊物，為蔬河樹立了更完整的品牌價值觀。

L 台中旗艦店定位從滷味跨足到甜點市場，提供全素蛋糕甜品和手沖咖啡。

提起品牌經營這幾年的變化，李鎧辰分享：「以前蔬河的空間感覺像工業風的咖啡小店，光線昏暗，放的是獨立音樂，比較偏小眾。但我們其實想推廣的是更廣泛的 Vegan 的生活概念，希望讓更多人知道，所以嘗試從空間氛圍上開始轉變品牌調性。」

現在的蔬河不論獨立店或是百貨據點，皆以舒適明亮的淺色調及木質為主軸，營造出簡約自然的北歐生活感，家具物件如丹麥飛碟燈、木櫃大部分來自創辦人的收藏，連蔬菜牆或鏡框等鐵件、木框架都出自團隊之手，擁有職人手做的溫度；營造空間氣氛的軟性植栽和花藝，也隨時節更迭變化，流露出品牌實踐於生活的美感態度。

經過一段時間的市場考察，蔬河選擇在台中綠園道設立品牌旗艦店，從滷味跨足到甜點市場，研發自家的全素蛋糕甜品和手沖咖啡，更引進生活用品，進一步將「蔬食自然」落實於生活的不同層面中。近來也不定期推出概念性的刊物，分享蔬河的近況和關注議題，或採訪分享國外 Vegan 潮流的觀點，此舉或許無法直接地反映在數字績效上，但卻為蔬河樹立了更完整的品牌價值觀。

不看單店而從整體考量，人員適性安排更重要

展店相當順利的要素，除了因蔬食料理的定位和價格帶，都正中目前百貨既有美食櫃位類別的缺口，但更多的是對於市場的細微觀察，機動性調整服務內容。洪儀真分享自己多年養成的習慣：「如反射動作般時刻觀察市場，了解現在的流行趨勢，我們主要都在百貨設櫃，其他品牌或百貨業界有什麼風吹草動都非常關注。」

在經營獲利和人員的訓練調度上，蔬河不會只單看一間店的成效，而是著重於各店加總後的整體營收，因為每家店定位和任務不同，不只看獲利高低，也要同步考慮品牌形象。員工的分配調度也因店而異，「雖然同樣是百貨店，需要的員工類型卻不一樣。例如站前店客層年齡層比較大，就比較需要可以跟長輩互動的員工，安排得宜，自然對業績會有好的影響。」

人、環境和生活是品牌關注的核心價值，蔬河也規劃著下一步發展，2018 年 9 月成立 TAIGA 針葉林新品牌，結合早午餐、咖啡輕食及無蛋奶甜點，嘗試全素餐飲不同的可能性。

我們想做長久的經營跟互動，這不只是一家店，一家餐廳，而是一個有態度的 Life Style。

M 將食材的定量配置、陳列與消費體驗結合，「蔬菜牆」的設計就是「好吃、新奇又好玩」的最佳體驗服務的範例。

VEGE CREEK 蔬河

三大獨特特色

01

純素蔬食滷味，以多樣中藥材悉心熬煮湯底，每日由中央廚房提供新鮮蔬菜、滷料，消費者可如逛街購物般，舒適地挑選食材，並提供多種獨家的調味醬料，可搭配出自己喜愛的口味。

02

店點多，分佈於各大百貨商場，價格平實，不會隨菜價浮動而調漲，且服務細膩，可滿足素食者、追求健康飲食型態者或生活中想補充大量蔬菜時的需求。

03

品牌核心特質明確，以滷味蔬食為主軸，北歐式的生活風格為輔，逐步拓展更多服務品項及生活物件，全方位推廣 Vegan 的生活理念。

VEGE CREEK 蔬河

Signature Dishes

01

現選、現煮蔬食滷味

NT$ 依實際挑選品項計費

整鍋湯底整日不熄火，維持滾沸狀態，客人選好滷料和蔬菜結帳後，現場立即烹調料理。滷料選擇多樣，一包 20 至 35 元不等，特別推薦平常較少見的「小麥捲」，口感有嚼勁，可增加飽足感；「小湯圓」，在台式紅白小湯圓內，別出心裁包入綠豆沙內餡，可與其他食材鹹甜交錯著享用，讓味覺享受層次更豐富。加上好喝的中藥湯頭，熱氣蒸騰上桌，最後再添上海苔絲，使滷味風味更清爽帶有香氣。

醬料

調味料可變化風味，畫龍點睛，蔬河自行研發多樣醬料，可讓客人隨自己的口味喜好搭配，台灣人喜歡吃辣，用大小辣椒混炒的辣椒醬最受歡迎。其餘還有麻油薑泥、味增芝麻醬、柚子醬等特殊口味，香椿醬則是素食者熟悉的味道。

Signature Dishes

03
巧克力布朗尼
NT$ 150 元／切片

使用純植物配方烘烤的布朗尼，完全沒有化學成分的添加，品嚐的完全是自然食材的香甜原味。

02
香蕉磅蛋糕
NT$110 元／切片

近期於台中店推出之無奶蛋甜點及咖啡，提供不同時段享受純素餐點的選擇。香蕉磅蛋糕的糖霜跟蛋糕體，都是由甜點師傅手工調製堅果奶而成。

VEGE CREEK 蔬河延吉店

OPEN DATA

營業基本DATA

每月目標營業額：30 萬

店面面積：10 坪

座位數：20 個

單日平均來客數：70 人

平均客單價：140 元

每月營業支出占比

■店面租金　14%

■水電、網路　8%

■食材、酒水成本　35%

■人事　33%

■雜支　5%

■空間、設備折舊攤提　5%

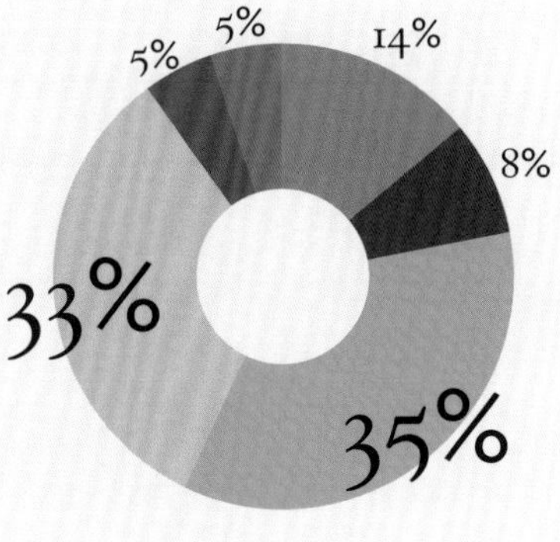

開店基本費用

籌備期：1 個月

房租：4 萬／押金：8 萬

預備週轉金：0 元

空間裝修費用：40 萬
（包含改結構、裝潢、設計費）

家具軟件、餐器用具費用：10 萬

廚房設備費：5 萬

初期料理試做費用：5 萬

CI 或 LOGO 規劃、menu 等周邊小物設計與製作費用：0 元

行銷物資費用：0 元
（網路行銷經營）

每月營業收入占比

孔雀餐酒館

Peacock Bistro

以完整的用餐體驗傳遞品牌精神
走出理想與商業的共生之道

經過店面遷移，
在新地點重生的
孔雀餐酒館 Peacock Bistro，
不僅從經營規模、菜色酒單
都更上一層級提升，
取用永續精神對待大地環境的食材，
展現經營理念與態度，
讓用餐不只是進食，
更是對飲食文化的五感體驗。

文・王涵葳　攝影・張藝霖　圖片提供・孔雀餐酒館 Peacock Bistro

孔雀餐酒館 Peacock Bistro

店址／台北市大安區迪化街一段 197 號
電話／02-2557-9629
Web／peacockbistro.com
營業時間／11：30 am 至 10：30 pm，週二公休。
目標客群／30 ～ 50 歲、團體聚會、私人婚禮、對飲食文化有意識者

走進台北城內最早開發的商業街區，迪化街的街區建築物仍存留過往的時代氣息，在傳統店鋪之間，近年開始有新型態的店家進駐。2014年搬於此地的孔雀餐酒館，位居於長型街屋的中段，像是探訪秘境般，初來乍到的拜訪者，得穿越前頭的咖啡店店面和露天花園，才能看見孔雀歐亞料理餐酒館的入門。在富有時代感的錯綜空間中，經營者之一的Angel回憶起十五年前，在印度旅行時的一幕不期而遇的場景：早晨起床後開窗，庭院裡的咫尺眼前，居然有日常難以遇見的孔雀，為了保存這份在旅程中遇上的驚喜，將餐館取名為「孔雀」。

從師大到大稻埕，轉型再出發

A E 穿過庭院才能到達孔雀，有著走入秘密景點的驚喜。

B D 孔雀的日與夜有著不同的表情，可以在此放鬆閱讀，也能和朋友小酌歡聚。

C 吧台上方以蒸籠形象設計的吊燈，和建築洗石子牆面、地板花磚等元素，將大稻埕在地風格結合至店內空間。

C

談起孔雀的初始契機，那年Angel剛結束前一間與人合夥的餐廳，和朋友在師大巷弄內遇見正在頂讓的店面，思考過後決定一同創業，以當時自己最為熟稔的義式料理，作為菜色主軸，在人潮尚未匯集的商圈裡，開一家屬於自己的店。並在不遠處的泰順街，再開了另一間名為「鹹花生」的咖啡館，兩家店因師大商圈的人文特質，各自吸引不少擁戴的群眾，也跟著街區繁華與紛爭共存。

在師大經營近十年後，本想順勢租約到期便閉店，兩人都不要再做餐飲業，各自去發展想做的事。但緣分來得突然，大稻埕商圈的經營團隊此時也前來邀約他們進駐，看過連棟老房裡的空間，當下被那陽光灑落的天井給觸動，或許還能再試一試的想法便油然

E

D

F

而生。當決定不是閉店而是搬遷，Angel和團隊重新把孔雀的經營面想得更長遠一點，「我們找了不同朋友加入，有品牌經營、攝影、吧台專長的人，還成立了正式的公司『野行文化』，把自己設定為不僅是餐飲，更希望未來以食物為出發點，做更多不同的事。」

空間設計融入在地的懷舊情調

從師大到大稻埕，原先在鄰近巷弄裡的孔雀與鹹花生，成為閩式街屋裡前後格局的一進與二進，像大家族同住屋簷下，彼此也能互相照應。正因為對新空間有感，搬家後的孔雀並非全盤複製原貌，更像是重生於新的街區裡，團隊思索屬於這條街的元素為何，有沒有機會將在地風格結合至店裡頭，融入當地氣氛。

搬遷過程從空間設計、整修裝潢開始，到設計菜單和建構人事組織，都由團隊內部一手包辦。吧台上方以蒸籠設計的吊燈，和建築洗石子牆面、地板花磚，承襲街上老味道蔓延入內，摩登中帶點復古的孔雀，歷經四個月的重整規劃，在大稻埕裡再度開屏。

自學料理之路，走出自己的風格

一路以來執掌廚房事務的Angel，多年的料理經驗是自學而來，從書本、紀錄片、國外旅行時品嚐當地餐館的體會，一路在生活中，學習吃的口味與文化，如今的孔雀呈現出的料理面貌，比起之前更是自由奔放，不受限於任何的地域與風格，Angel不太定義自己是做什麼菜的人，從剛開始學習如何做菜，一個模仿者的角度，依循食譜追求所謂的正統作法，而後透過生活歷練的堆疊，加入自己詮釋食材的思量。

Angel回歸自己生長的土地和環境，「台灣有自己的飲食文化，可是文化不是很明確，臺菜跟大陸菜系很難分開，究竟什麼是臺菜？」拋出疑惑，也從每季推出的菜單裡找答案，取自街邊的庶民料理，麵攤都會來上一盤的「黑白切」，作為春夏菜單的鑽研對象，Angel將黑白切類比為生魚片的極簡學問，每道手續都是講究。「食材川燙後切片就呈盤，配上醬油膏、醬汁、蔥花，是看似簡單，但仔細去研究，其實又變化無窮，燙的部位、時間與溫度的掌控，要如何切？切片還是切塊？要用什麼醬汁？鋪薑絲還是蔥花？」吃是最原始的慾望，由解剖日常熟悉的食物，從中取材最貼近生活的動作，並遵照大自然的運行，使用當季出產的食材，成為現在孔雀的依循。

酒單裡的獨特，小甕酒與自然酒裡的風土人文

搬家後的孔雀，Angel期望能更上一層，不單就餐點口味上，還有對飲食文化的反思。陳列在吧台與廚房之間的層架上，玻璃容器裡浸漬的水果，那是孔雀自家釀的果實酒「小甕酒」，用上小農的當季蔬果，加上高濃度的

F 孔雀團隊分工細膩，分為管理、餐飲、飲品、烘焙專職部門，各司其職，彼此信任。

G 團隊內部一手包辦空間設計、整修裝潢，歷經四個月的重整規劃，摩登中帶點復古的孔雀，在大稻埕裡再度開屏。

餐廳的價值來自於提供完整的用餐體驗。

H 孔雀的空間感不同於一般餐酒館，拉門式的隔間，可收可開，隨活動需求機動性調整。

H 中秋節的「生火月昇派對」活動，將孔雀花園變成生火料理的主舞台。

J 孔雀所選的自然酒，是這幾年葡萄酒界升溫的討論話題，從葡萄栽種、釀造到裝瓶都盡量減少外在干預，能被稱為自然酒有幾個必要標準，使用有機或自然動力法（Biodynamic）栽種、依照農民曆採收葡萄、不含二氧化硫、化學酵母等添加劑，品飲後就不易引起酒後副作用。

烈酒，花時間醞釀而成。選擇在地食材的堅持，來自對環境和產業永續經營的本意，「餐廳是一個大的採購商，如果盡量選擇有機、無毒的產品，或在飼養動物時，能注意動物權的廠商，他們的東西確實比較貴，但去買、去支持，那他們也就會願意繼續做下去，這樣正向的產業才有機會做起來。」雖然重視食材是料理的基本，但願意以自身的力量，讓產業能往良善永續的循環前進，則是孔雀的核心理念。

除了自釀酒，孔雀也提供紅白酒，口感之餘，對釀酒產業有反思精神的自然酒酒款，也是挑選酒款的準則，有機栽種不以外力介入，後期釀造無任何化學添加物，能品嘗出產地的風土特徵，對愛喝葡萄酒的人，提出新思維。

蛻變的孔雀
注入關懷萬物的理念

大稻埕的新店貌，對過去師大店的常客來說，也許有點陌生，但揮別過往的老巢穴，Angel 覺得不同階段，自然會有不同的轉變。如今蛻變的孔雀，因為餐點價位的提升和街區屬性，與搬家前的來客族群近乎不同，年齡層也比原先高上一些。面對長久經營下去的方針，Angel 認為企業理念跟文化很是重要，在營運第十五年，孔雀提出「在生活裡落實永續發展 L.S.D (Live Sustainable Development)」的想法，透過飲食的行為潛移默化，希望食物不只是好吃，飽腹口慾之時，更對大地萬物懷抱友善與尊重。

在食材挑選和經營理念上不輕易妥協，孔雀在貫徹理念的同時，也創造出一套能夠運行的商業模式。「餐廳的價值來自於提供完整的用餐體驗。」從進門開始，建築和環境的樣貌、服務生的應對態度、空間中所播放的音樂，到最後才是上桌的食物，孔雀想給予客人的服務，正是完整的五感體驗。

忠於自我選擇，朝向組織化的營運

有不少人請益過Angel關於開店的意見，「我會跟他們講我的經驗，但我不覺得我的經驗就是最好的。」為孔雀的新人面試時，問到想來工作的原因，過半數的人都會說未來想自己開店，想創業的人不少。不過談起多數人最在意的資金問題，Angel直說：「開店最不重要的就是錢，如果你有明確的目標、客群，想好開店的規劃後，其實很多人想投資啊！」回歸關鍵還是在人與人之間的合作，當一家店只有一個人囊括大小事時，店可以是自體的延伸，但當開始有人進駐，不論股東或是員工，就會有不同行事風格加入，是否能讓所有人瞭解開店的理念便很重要；孔雀的股東成員旅居各地，彼此溝通來自固定的線上會議，也將員工劃分在對應的部門中：管理、餐飲、飲品、烘焙，朝向有組織的規模，讓店務可以自行運作。

走過14個年頭，孔雀證實了開店不見得是對於現實的種種妥協，如果你找到自己堅持的核心價值，並透過每一個環節傳達給消費者，絕對有機會將理想轉化為一個好的商業模式，進而獲利，支持你繼續走下去。對於創業，Angel表達沒有絕對，只有選擇。「這個結果是你要的嗎？是在你控制範圍內的嗎？還是已經超出你的控制？」孔雀有許多對於飲食文化的想法，收攏在我們還未見到之處，等待時機成熟，必能見到它綻放出獨有魅力。

要創業的人，一定要可以接受失敗這件事，
踏在自己的失敗再往前。

孔雀餐酒館經營團隊。

孔雀餐酒館 Peacock Bistro 三大獨特特色

01

透過長年累積與探索，發展出自己的飲食脈絡，使用在地時令食材，與台灣原生飲食文化設計菜單，每季更替 80% 以上新菜色，道道皆為當季供應，讓每次用餐保有意外驚喜。

02

酒類選項有新意，以有機小農食材釀出「小甕酒」，搭配出獨家調酒。挑選自然酒，依循曆法耕種葡萄，不含任何人工添加物，較不易產生品飲後的不適感。

03

來自各領域的創辦人皆熱愛藝術、音樂等藝文活動，結合空間舉辦展覽，更與不同創作者展開跨界合作，推出限定晚餐活動和餐酒。

01
黑白切之嫩豬里肌
NT$280

把當季梅子入醬，做成梅子味增醬，薄抹在豬里肌，以低溫烹調的手法保留軟嫩肉質，搭配梅子粉做成的紅心芭樂沙拉。還可以客製無肉版本，給素食者享用。

02
好野鴨胸
NT$620

當蔥油遇上鴨肉的台式搭配，以西餐手法呈現嫩烤過的鴨胸，搭配薩丁尼亞珍珠麵，佐以夏季最熱門的西瓜和芒果兩樣水果，清爽中帶有碳烤香味。

03
不是油飯
NT$420

用櫻花蝦、蒜苗、蘑菇炒香的米型麵，入口煞有油飯的風味，吃得到孔雀幽默感和台灣精髓的美味料理，是夏季餐單裡的人氣主餐。

孔雀餐酒館 Peacock Bistro

Signature Dishes

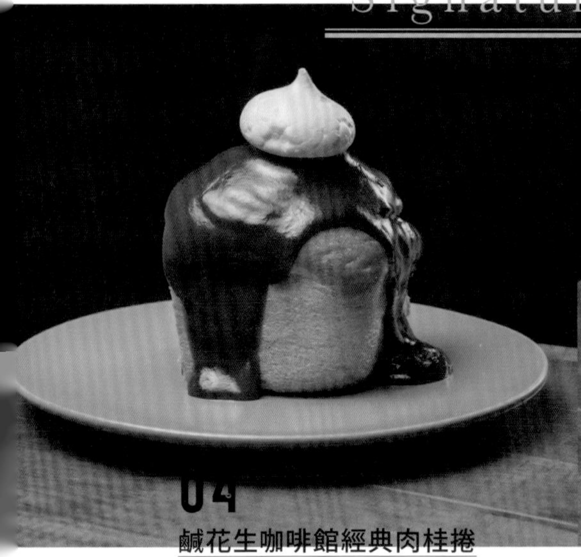

04
鹹花生咖啡館經典肉桂捲
NT$130

從在師大開始，就擔任最療癒的招牌甜點，淋上焦糖肉桂醬和蛋白霜。中間經歷一次配方調整，加入台灣耕種的十八麥。

05
野行
NT$320

來自自家的小甕酒是風乾的橙片加入葛瑪蘭威士忌一同釀製，調以新鮮蘋果冰沙，果香搭配重口味餐點最合適。

孔雀餐酒館 Peacock Bistro

OPEN DATA

營業基本DATA

每月目標營業額：155 萬元

店面面積： 45 坪

座位數：45 個

單日平均來客數：70 人

平均客單價：700 元

開店基本費用

籌備期：4 個月

房租、押金： 24 萬

預備週轉金：200 萬

空間裝修費用：350 萬
（包含改結構、裝潢、設計費）

家具軟件、餐器用具費用： 150 萬

廚房設備費：150 萬

初期料理試做費用：3 萬

CI 或 LOGO 規劃、menu 等周邊小物設計與製作費用：5 萬

行銷物資費用：0 元
（網路行銷經營）

每月營業支出占比

■店面租金　12%

■水電、網路　3%

■食材、酒水成本　25%

■人事　45%

■雜支　7%

■空間、設備折舊攤提　4%

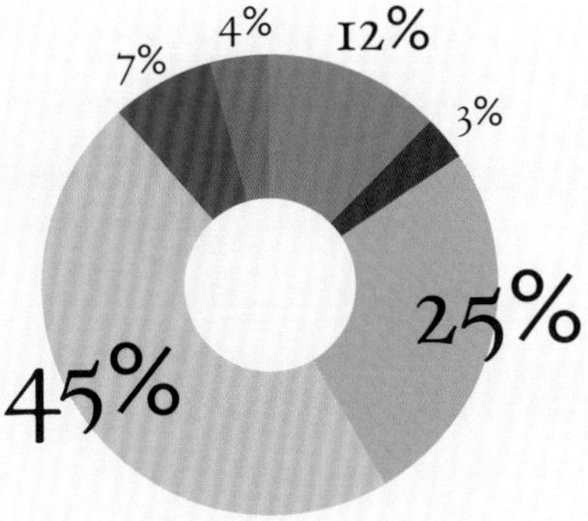

每月營業收入占比

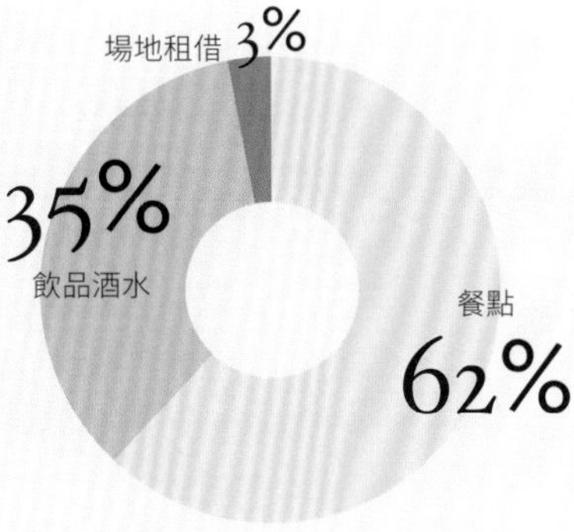

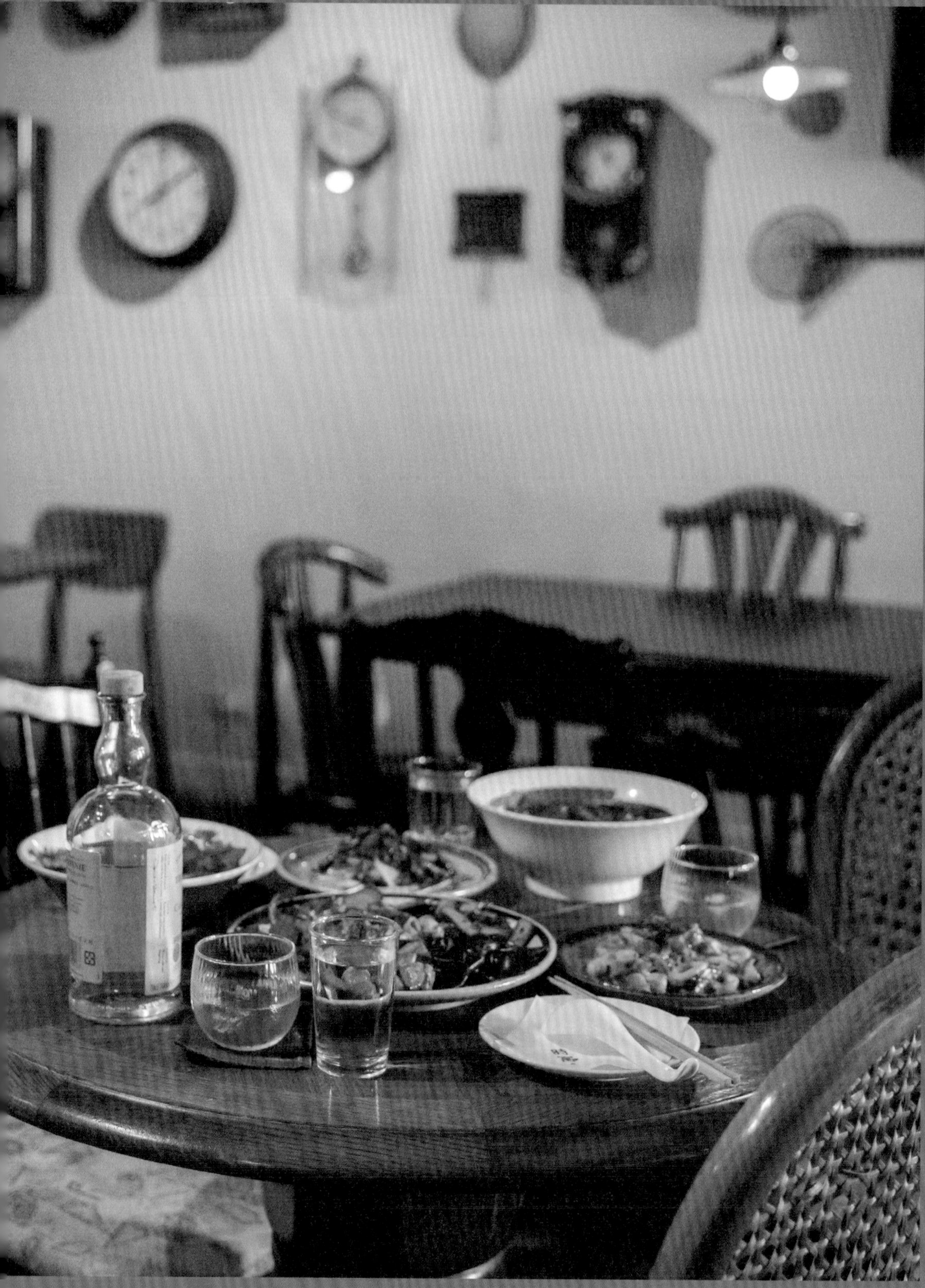

時寓。

暖胃也暖心的
老宅牛肉麵餐酒館

位在熙來攘往的
建國北路街邊老公寓二樓，
「時寓。」低調的風格，
若沒稍加留意，可能就會錯過。
走上階梯，
轉角老玻璃窗透出店內燈光，
像等待旅人回家的那盞燈，
溫暖而堅定，只專心一意做好
牛肉麵的曾文佑、張佩華夫妻，
在時間的寓所裡，
用扎實的料理佳釀，
等待前來的每一位有緣人。

文・陳慧珠　攝影・張藝霖　圖片提供・時寓。

時寓。

店址／台北市中山區建國北路一段 68 號 2 樓

電話／02-2506-9209

Web／www.facebook.com／shiyu.taipei

營業時間／周三至周五 12：00 至 14：30、18：00 至 22：00
周六至周日 12：00 至 15：00、18：00 至 21：00

目標客群／上班族、美食愛好者、家庭客

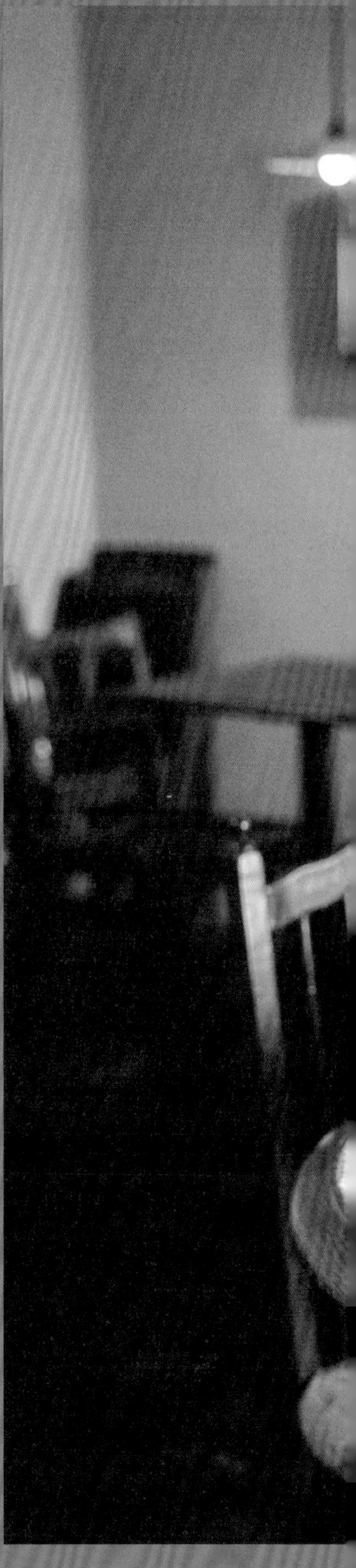

時寓的經營者曾文佑、張佩華，他們不但是人生的伴侶，現在因為兩人一同經營時寓，也成為最佳的工作夥伴。兩人近年觀察大環境的氛圍，充滿壓力、焦慮和不確定性，他們也關注動物、環境等許多面向的問題，頗有感觸，覺得台灣這片土地上其實有許多好東西，值得讓更多人知道。這一份想為土地做點什麼的心情，醞釀在心裡多年，直到遇上了這個老房子，才離開各自忙碌多年的職場，以此地作為兩個人開店創業的實踐之地。

而老闆曾文佑從小在高雄家裡吃到大的家常味——牛肉麵，一直都是招待親朋好友的獨門好味道，深獲眾人肯定，順理成為時寓的料理主軸，這個空間也定調為「透過美食，分享台灣美好人事物的平台」。

A

B

品味人與人的相遇故事

「人類文明的進展應該來自互相幫助，而不是互相爭競。開店前就決定要做些回饋的事情，只是想要關心的事情還蠻多的，當時還沒有決定要做哪一塊。」籌備開店的過程中，兩人至東京物色要掛在店內裝飾的老時鐘，緣分牽引之下，最終在西荻窪的骨董店中尋覓到，而骨董店老闆感念311大地震台灣對日本的幫忙，堅決不收錢：「你們把錢帶回去，捐給台灣需要幫助的窮人。」

這句話像是投入水面的小石子，引起更多更大的善的循環——此後時寓將回饋集中於貧窮弱勢單位，客人每點超過100元餐點就代客捐出10元，每兩個月集結一定金額，帶著滿滿的食材，至偏鄉學校、基金會跟教會探望捐款、煮牛肉麵給小朋友或服務弱勢朋友的工作人員吃，他們認為照顧弱勢的工作人員，每天接觸的都不是太開心的事，其實也需要被人照顧，才有力量把愛傳下去。即使要起得比開店還早，舟車勞頓，也甘之如飴，「看他們吃得開心，感覺自己也被療癒了」張佩華說道。

做好每個小細節，不貪多的經營哲學

和一般餐廳不同，時寓不求客人越來越多，因為店面小、人

D

C

A B 設計師兩個八月為時寓操刀設計的LOGO主視覺，從一樓騎樓上的小店招，走上階梯，轉角老玻璃窗貼，到餐館門口，一路引領著客人上樓。

C 老中藥櫃呼應曾文佑家族的中醫淵源，與以十餘種中藥材熬製的招牌牛肉麵湯底。

D 結帳櫃檯放置著「消費滿100元餐點就代客捐出10元」的捐款珠球與公益回饋說明。

力也很精簡，客人太多反而擔心服務跟餐點品質做不到位，「雖然招牌小小的，但只要把東西做到最好，酒香不怕巷子深，慢慢能吸引到調性和我們一致的客人——懂得吃，對食物、對土地、對身邊的人有愛。」兩人說道。也因為專心做好每一碗牛肉麵，加上真性情，待客如友，兩年下來累積許多常客，從附近的上班族、外國遊客到家庭客都有，「最常看到，本來是隻身一人來用餐的客人，下次再來，變成帶著一家大小一起來吃。我想這是客人打從心裡覺得好吃、喜歡我們的證明，是讓我們能繼續前進的動力！」就連日本、香港的旅客，或是外國背包客，也常常把這裡當成旅途的最後一站，搭機前，讓肚子也飽足滿滿台灣味。

好料理，需要時間醞釀等待

這一味拉起美好關係的牛肉麵，來自老闆曾文佑母親的家傳之味。因為母親家族傳承的中醫背景，湯底中包含牛腩、牛骨、新鮮蔬果和十餘種中藥材香料細火慢燉熬煮而成，「這個湯頭益肝養身，吃完身體是舒服的。」而食品營養的養成背景，曾是營養師，也當過企業中央廚房廠長的曾文佑，特別選用紐澳的放牧草飼牛，運用過去所學的專業知識，以濕式熟成的方式，讓時寓的牛肉風味和口感更上一層樓。

牛肉麵除了以母親為名的家傳口味「來金清燉牛肉麵」，還有自行研發的香麻牛肉麵、乾麵，麵體則來自台南手工製麵老店，「台灣有許多像這樣的好食材、

老店家，卻不太熟悉販售管道，我們希望透過直接使用在料理中，推廣讓更多人知道。」而一碗融合滿滿在地滋味的牛肉麵，需要的是時間的細緻功夫，曾文佑自己也算過，「一碗牛肉麵，從熬煮湯頭，牛肉熟成，到上桌呈現在客人面前，最少要36個小時。一天大概要工作超過16個小時。」用時光，煮一碗麵，在時間的寓所裡，醞釀好食物，簡短的「時寓」二字，住著兩人創業背後的心意。

菜單的設計規劃也放入兩人對生活的態度：選用友善環境種植的履歷蔬菜，店內招牌菜「黑露露野釣小卷」，也是由對海洋傷害最小的船釣法所獲取的新鮮小卷。另根據季節時令，規劃隱藏版菜單，像是在酷熱夏天推出開

I

F

G

J

H

胃的醋溜馬鈴薯、蒜香蛤蠣，相當受到歡迎。「就像招待朋友來自家吃飯，自然用料好，而食材本質好，不僅好吃，對身體也沒負擔。而客人能從自己身體最直接的感受，明白我們的不同之處，便會想再回來。」

收羅在地精釀，舉辦多元活動分享

說起時寓店內的飲品，細看酒單品項各個是臥虎藏龍等級，「因為有當上班族的經歷，十分能體

E F 時寓保留了許多原本屋主家裡的餐桌椅、書櫃，和自己慢慢收集而來的燈具老件，形塑出一種緩緩而行、溫暖自在的空間感。

G 時寓的料理用料實在，烹調過程悉心花費時間，吃得出老闆對於料理品質的講究。

H I J 這裡的酒單品項以台灣在地作物釀造的品牌為主軸，從果實地酒、威士忌到精釀啤酒，從各類別中精選出多款在地佳釀。

會下班後跟同事小酌一杯，是多麼放鬆跟療癒的事情。」為了找到能與牛肉麵湯頭互搭，又不會搶去彼此風采的適飲酒款，下了好一番功夫，精選出數款以台灣在地作物釀造的好酒：以梅酒為主，深受女性喜愛的果實地酒；南投酒廠所產，於國際中屢屢獲獎的 OMAR 威士忌；以台中大雅栽種的本土小麥，或是花蓮契作的玉米和晚崙西亞橙所釀造的禾餘精釀啤酒……等。

也因為接觸在地釀造，更深入了解純手工製程的珍貴與不易，希望人們除了品飲，能更了解台灣製酒的故事、底蘊，便不定期邀請專家職人們來此舉辦品酒會或釀酒課程。而週二的店休日，則時常有音樂演奏分享會，雖無出餐服務，但店內特別準備佛心價的簡單調酒和手拿包滷味，讓下班後來參加活動的客人不致飢腸轆轆。藉由提供新生代表演者、藝術家展演的舞台，使這個場域有更多可能性，也讓客人、粉絲多認識一個好團體。

溫暖的餐酒時光，空間、LOGO 設計串連品牌精神

走入時寓，牆面上掛著多座老時鐘與老件，時間像是被定格在60年代，澄黃溫暖的光影，空間中流淌的爵士樂，像是走進老朋友的家，舒適自在。租下這間將超過半世紀的老宅，「一個有溫度、有生活感的地方。」是兩個人對這個空間共同的期待和想像。老宅主人過去是受過日本教育的中學老師，時寓除了保留著原本屋主家裡的餐桌椅、書櫃、舊書，眼前所見一桌一椅，都是他們用超過半年的時間，一件一件慢慢收集而來。老中藥櫃呼應曾文佑舅公三代中醫的淵源。因為獨資，加上經費不多，除了設計師好友兩個八月超級友情價的空間規劃，店裡的改裝整理一切都自己來。頗有味道充滿自然紋理手感的地板，是夫妻倆把原本的地磚一片一片親手敲掉，慢慢呈現出理想的樣貌。如同設計師好友為時寓操刀設計的 LOGO——日月之間，有光照進空間中而拉出長長的影子——人也因為走進這裡，在這裡所度過的時間、與相伴用餐的人事物，有了自己的故事。

多年專業的養成，是成功的要素之一

夫妻兩人一起開一家理想中的小店，而且經營地有聲有色，聽起來像是實現了很多人懷抱的夢

時寓
好靜歲月
請降低聲量
與我們一同
維護鄰居安寧
感謝您，

創業是意志力的考驗

熱情之外，還要有歷練來支撐夢想的實現

想，但現實有這麼美好嗎？張佩華直說：「開店並不浪漫，我們幾乎每天工作超過16小時。大部分創業的人都要有很堅強的意志力，最好還要有先前在職場累積的專業做為後援。空有熱情是不切實際的，開店的夢想很快就泡沫化。」

營業總有生意清淡的時期，要想辦法撐下去，必須突破單一的銷售模式。小店面每日能服務的客人有限，加上時寓也有許多外地的忠實客人，礙於時間或地理限制無法常常來店裡用餐，曾文佑研發出牛肉麵冷凍包宅配服務，以之前於食品廠的品管經驗嚴格控管製作，提供客人訂購，廣受好評，既能滿足外地客人的味蕾，也能增加營收需求。

正因為過往多年累積的專業背景，時寓才能成就現在的樣子，兩人再再提醒投身餐飲真的不要一時衝動，多在公司或組織裡學習，各種經驗、人脈的養成，都將會在未來，你必須面對許多不可預測的挑戰時，成為很大的助力。每天接觸不同客人，做著一樣的事情，日復一日，但時間，也是最好的調味料、釀酒師，「客人給我們很多溫暖和回饋，就像好朋友家人一樣，是支撐我們走下去的信念和滋養我們的力量。」

時寓。

三大獨特特色

01

僅此一家的獨門牛肉麵，家傳三代中藥香料湯頭，加上悉心熟成製作的牛肉肉品，吃美味也吃得健康，清燉、番茄、香麻三種口味都是招牌，滿足不同愛好者。平日中午時段為上班族客層，特別設計牛肉麵、小菜、現打新鮮果汁的套餐組合，平價超值深受歡迎。

02

特別蒐羅台灣各地自有品牌的精釀啤酒、威士忌與果實地酒，十分適合帶外國友人來體驗在地台灣家常風味，與小酌一番由本土好水好作物製成的佳釀。

03

作為台灣飲食文化推廣與拓展藝文視野的平台，不定時邀約國內外音樂表演藝術家、台灣的酒廠經營者、釀酒職人，舉辦音樂會、在地作物品酒會及相關課程。

酒類飲品中午和晚餐兩個時段皆有供應，特別精選屬於在地風味的台灣果實地酒—

A 杜島梅酒

NT$180／杯、NT$850／瓶

此為「杜島台灣酒作」酒廠以南投春梅釀造的純發酵酒，品質精良產量稀少，白天佐餐適合喝得到梅子果肉並有著清爽香氣和口感。

B 紅梅高粱

NT$180／杯、NT$750／瓶

裕豐釀業出品，嚴選信義鄉高海拔青梅，調合遵循三蒸三釀古法製成的天然紅高粱酒，濃郁梅香伴隨著高粱麥香，酒體在口中香氣層次分明，醇厚圓潤，適合晚餐時光慢品細啄。

01
來金清燉牛肉麵
NT$220

以母親為名的招牌牛肉麵，蔬果細燉混和中藥香料香氣的湯底，清香有味，經濕式熟成的牛腩部位，肉質有富彈性，麵條特選台南老店手工製麵，口感紮實，是一碗吃完會讓五臟六腑都大大滿足的牛肉麵。

02
香麻牛肉麵
NT$250

蔬果藥材清燉湯底再加入老闆自己煉製的花椒麻辣湯料，變化出時寓獨家的創意口味，麻的夠味而無死鹹辣，還有乾拌麵版，喜嚐濃郁口味的饕客不可錯過，保證越吃越上癮。

03
時寓滷味拼盤
NT$280

煙燻豬耳絲、牛肚或牛腱，非基改豆乾、海帶、杏包菇，滷蛋滷到全透入味，滷製兩天以上，兩肉五菜的搭配，份量誠意皆滿，每樣食材都能吃到原味。

04
黑露露野釣小卷
NT$300

選用澎湖野釣小卷，融合西式及台式作法，以洋蔥、大蒜、奶油爆香，少許酒去腥，保留墨囊，鮮味更濃郁，是下酒菜的首選。

時寓。

Signature Dishes

台味正潮

渣男

Taiwan Bistro

正宗台式小酒館
滿載復古味

出門選個放鬆喝酒的地方，
心中會出現幾個選項，
但屬於台灣文化的酒場，
卻甚少受青睞，
英文名為
Taiwan Bistro 的渣男，
反轉你對台式的刻板印象，
網羅我們熟悉的食物，
從街邊帶進設計感十足的空間，
把傳統風味推向更精緻的一面。

文．王涵葳 攝影．張藝霖

渣男 Taiwan Bistro

創始本店／信義一渣，地址：台北市信義區信義路五段 150 巷 315 弄 12 號

電話／02-2720-9820

Web／www.facebook.com/ZhananBistro

分店／木柵二渣、南京三渣、古亭四渣

營業時間／17：30 至 01：30

目標客群／想喝一杯的街坊鄰居、工作後的下班聚會

從吧檯上的木櫥裡，選幾道愛吃的滷味，「剁！剁！剁！」切成好入口的大小，淋上油膏和蔥花，再澎湃地送上桌，當啤酒遇上越嚼越香的滷菜，酒酣耳熱間，流竄的音樂是朗朗上口的國語金曲，這樣地道的情境搭配，是以台灣街邊小食為題材的「渣男」，首家開在信義區深處的公寓一樓，從2016年中以台式小酒館之姿，為大家疲憊的心靈與空虛的胃袋，提供深夜食客新去處。兩年間陸續展店，四間分店坐落在台北市不同區域。作為經營者Tony的第二個餐飲品牌，別於處女作「NOLA紐澳良小廚」美式餐廳的形態與菜系，翻玩傳統思維，帶給餐飲市場新氣象。

從美式餐廳到台式小酒館，再創事業高峰

A

從穩定的金融業投入未知餐飲業，Tony的創業念頭，源於想念在紐奧良唸書時的美國南方菜，從自己在家做到開餐廳，他勇於挑戰不可能，兩年開了五家店，三年共展店七家，深受消費者喜愛。NOLA成功之際，Tony被不少朋友追問接下來有什麼新計畫，從原有體系內延伸是常理也是合理，但喜歡嘗試不一樣，才是他最想做的事，「開過大型店，再回來開規模小一點的店，也是一種新嘗試。想做一個我也想吃的東西，一個忙完工作後，可以放鬆、舒服吃宵夜的地方。」

過往在美國唸書，也曾想念台灣的家鄉菜，Tony動手下廚滿足記憶裡的味道，深知口味對人而言是長年累月的習慣，無論西式或日式料理，再好吃都不是每天都想吃的菜色，回歸於日常生活裡，追尋的是打從骨子裡熟悉的飲食文化。

翻轉黑白切的傳統定位，賦予新的價值感

說起最完美的下酒菜，滷味始終是 Tony 心目中的第一名。「從小爸爸和朋友在家裡喝酒聊天時，便會到巷口幫他切一點滷味回家配；大學時候，和兄弟們打完籃球後回到宿舍，也是一手滷味、一手啤酒。」然而台灣的酒食文化，在熱炒店裡或許最能體現，但想要更講究，日式居酒屋、西式的 bistro 和 Tapas，會是大家的熱門選項，「那屬於台灣的東西哪裡去了呢？」渣男的誕生，連結 Tony 成長回憶的切片，也有對傳統小食不同詮釋的期盼。

以滷味／黑白切為店內主打，

A 渣男是經營者的第二個餐飲品牌，以台灣街邊小吃滷味與黑白切為主角。

B C 濃濃的台式情懷，有許多元素在店中各處展露無遺。

面對平均60元一碟的價格，讓來到渣男的客人，出現兩種截然不同的反應，「你們好便宜喔！」對比居酒屋一道菜平均 150 元起跳，確實不貴，「你們賣這樣，外面的滷味攤才多少！」喊著太貴的人也不算少。Tony 從過往的經驗裡，深知經營者與消費者對價值感會有不同的認知——而如何創造出吃以外的附加價值，對創業者來說，是成功的關鍵。

貫徹台式風味，打造自有酒款

落腳在NOLA不遠處的渣男，是 Tony 無意間經過而租下的店面，前頭空了三個月，心裡才開始盤算該如何呈現這間店，「是可以喝一點小酒，精緻一點的台式滷味店。」籌備期間，Tony 是天天吃滷味，一邊規劃出台式風

D

情的路線，菜單是按照路邊攤規格，隨桌附筆點餐，品項在單張紙上一目瞭然，桌間擺放的醬料罐、廁所的明星花露水，處處可見營造氛圍的細膩與用心。協助 Tony 進行裝修與打造 NOLA 餐廳的是同一位設計師，「他很喜歡使用回收素材，從木凳到吊燈都是自己找材料來製作的。」

不用現成製品的精神，從物件延伸至餐點上，渣男開發自有品牌啤酒，與釀酒師經過半年的來回調整，生產出的「渣男小麥淡艾爾」，有著精釀啤酒的製程，但適合台灣大眾的輕盈風味。花時間研發獨家商品，在我們習以為慣的飲食文化上提升質感，當偶遇無法認同理念的顧客，Tony 理解不可能討好每個人，「消費者選擇喜歡的店家，同樣經營者也因為品牌理念篩選了來客族群。」

不同分店區隔來客屬性，前進郊區開拓潛在客群

以非大型企業的背景，渣男在半年後，拓展第二間分店，爾後兩年，在台北市共有四個據點，以不同區域特性切分客群，不會稀釋了客流量，成為彼此的競爭對手。起初是 Tony 想開個給街坊鄰居小酌的店，而選點在住宅區內，但也因鄰近信義鬧區，意外吸引目標以外的客群，店的氛圍從預計的家常悠閒偏向年輕時髦，經營得很是成功，但 Tony 卻這麼說：「這不是我想像中的那家小店。」

當大家追求聚集人潮的地點，Tony 反其道而行，選擇在人流最少的捷運站旁，鄰近山邊的萬芳社區，作為渣男擴點的第一步。「後來這家店我玩得很開心，

破壞價值，再去創造價值。

F

E

來客族群黏著力很強，天天遛狗經過的人會來喝一杯，也有純進來聊天的住民，氣氛非常溫馨。而冬天萬芳經常下雨，利用外送APP軟體來點餐的人也不少。」周邊居民注重生活水平，消費能力與市中心有過之而不及，完成了Tony對渣男的初始想像。

用相同菜單，同樣的服務流程進行，但因地點不同，而有各自的展現效果，「信義一渣年輕族群多喝調酒。木柵二渣的地方媽媽們愛喝台啤，也因為離家近，沒有喝醉回不了家的壓力，酒賣得嚇嚇叫。南京三渣周邊多為辦公室，是上班族晚餐聚會的地點，十點過後人潮就散去。新開的古亭四渣，是離捷運站最近的一間店。反應也超乎我的預期。」

那些NOLA曾遇到的問題，渣男一次解決

經營餐飲業會遇上的問題，在創立第一個品牌時Tony幾乎親身經歷過一輪，「美式餐廳的料理品項繁瑣，需要花費很多心力去維繫。」NOLA因餐點特性，其所需的人員組成複雜，訓練時間成本也高，當分店數量擴增，隨之而來的挑戰即是如何準確掌控出餐和服務的品質，「後來我發現確保品質這件事，需要一直去訓練，要付出的成本相當高，甚

D 渣男的品牌個性展點容易，性質上也不會讓分店成為彼此競爭對手，2年間快速在大台北地區展店四家，以不同的區域屬性，擁有各自的客群。

E 滷味／黑白切為店內主打，吧檯上以復古的玻璃木櫥陳列出各式滷味。

F 桌間擺放的醬料罐、小碟子也是經過精心挑選，走台式風情的路線。

至會超過一家店本身的人力開銷。」

而渣男的菜色設計單純，食材由中央廚房統一預滷後，送至各家分店，店中服務人員再依照SOP的流程作業，即能做出一定水準的餐點，且料理過程全無油煙，不但降低鄰居客訴的比例，也減少了許多溝通上的不理性；在人力調配上，因渣男只做晚間時段，沒有兩頭班，對於員工不愛空班的情況，有所解決，「渣男是我開完NOLA，碰到一些痛苦、很難處理的事之後的再進化改善版。」如果與NOLA的模式相比，開一間渣男所需的成本與時間，相較更少，在本質條件上，渣男確實是更適合連鎖的業態。

鮮明的核心靈魂，預約成功創業

想挑戰消費者的既有價值觀，但是否能讓大家都買單，Tony並沒有百分之百的把握，當NOLA營運邁入穩定狀態，試著邁開腳步大膽嘗試，他甚至有著做不好就收的打算。「創業除了賺錢，做的東西應該要有特色，勇於做別人沒做過的事。」雖是金融精算背景出身，Tony卻說創業書裡面常提到所謂的「合理數字」，正是他最想讓想投身餐飲界的創業者屏除的迷思，「模擬合理的成本與毛利率，不是我首要關心的事。有沒有辦法創造有意思、耳目一新又好玩的品牌價值，才是最重要的事。」

對想創業的人來說，追尋前人的腳步，是基於對未來，有著不

渣男 Taiwan Bistro

三大獨特特色

01

雖名為「渣男」，但整體空間設計和服務方式，是讓單身女性獨自前往也能喝得安全和盡興，吧台的搖滾席，隱藏的相談室服務最窩心，創造出吃以外的附加價值，不論是員工與客人，都有高強度的黏著力。

02

升級街邊美食的用餐環境，品項選擇多項性，可以吃得巧也能吃得飽，推出自釀啤酒，划算的飲酒價不傷荷包，是放鬆宵夜場的好選擇。

03

餐點設計思維上，避免了油煙的排放以及食材之耗損，不但降低人員教育訓練的成本，更使各分店供餐的品質控管流程更簡易與穩定。

確定的安全感，但對於成功或失敗，Tony有著這樣的看法，「我沒辦法跟每個人說如何做不會失敗的生意，而且也沒有不失敗的機率，但一定要看清楚想清楚，就算這次失敗了，也必須成為下次成功的籌碼之一。」渣男穩穩前行中，Tony透露第三個新品牌即將面世，想必會是個全然不同的領域。

以人來服務人的產業，挑戰在於處理人的問題。

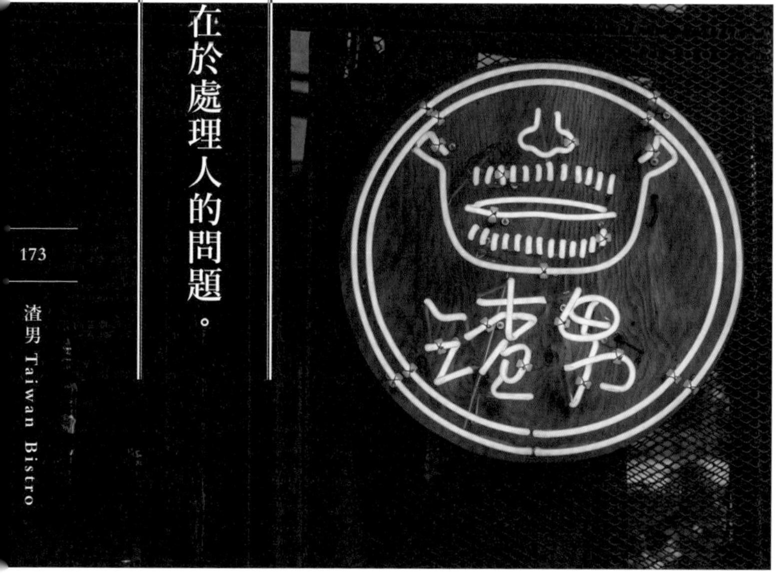

渣男 Taiwan Bistro 主理人 Tony。

01

滷味拼盤

兩人份 $360、三人份 $ 540

有什麼拼什麼，全店人氣最高餐點，由現場師傅依當日食材嚴選搭配，經典滷菜各來一點，不管是選擇障礙或小鳥胃，點餐不煩惱。

02

手拌干絲

$60

由大豆乾切成細薄片，考驗刀工的功夫菜，現點現拌，再加上蔥絲、薑絲辛香料，麻而不辣的開胃小菜。

03
脆皮豬血糕

$60

預先魯過入味，每日開班前再魯透一次，上桌前進烤箱，撒上花生粉、香菜與自製醬料，繁複的手工活，造就外皮酥脆，內部軟Q的好食口感。

04
地瓜稀飯

$50

從小吃到大，稀飯就是要配口感綿密的地瓜。不只是屬於台式宵夜場的最佳主食，拿來解酒也舒暢。

05
雞翅

$120

帶有油脂的雞翅先魯過再烤，運用西餐手法進行烹調，吮指回香最涮嘴，搭配各式酒類都對味。

06
渣男小麥艾爾

$200

渣男獨家酒款，現拉新鮮供應，小麥韻味中帶有淡淡果香，苦味低，是一款不分性別，都能順口喝上好幾杯的啤酒。

台味正潮

貳房苑 Living Green

用品牌設計打造生活美學空間
為臺灣好食材發聲

餐飲品牌經營除了以料理特色為主導，
由企劃或設計統籌出發的換位思考，
也能為品牌注入不同活力。
貳房苑 Living Green 由設計公司起家，
秉持清晰理念，
以推廣台灣食材為主軸，
發展出美學與美味兼具的空間。

文・王涵葳　攝影・張藝霖　圖片提供・貳房苑 Living Green

貳房苑 Living Green

店址／台北市大安區瑞安街 23 巷 14 號

電話／02-2755-3039

Web／www.2twgreenlife.com

營業時間／週一至週日 11：30 至 21：00

目標客群／不分年齡與性別，喜好藝術設計氛圍的群眾。

「貳房苑 Living Green」是「雙好」設計工作室延伸打造而出的餐飲品牌，總監吳恩均，平面設計出身，在歷經媒體出版業多年的打磨後，自身的美學品味也愈加精煉發亮，爾後開啟了創業之路，但單純的設計案卻滿足不了他內心對於全方位生活美學的追求。於是找來餐飲專業的弟弟陳和緯共同策劃，打造出一個可以將喜愛的事物堆疊相乘的生活場域——貳房苑；除此之外，更加入畫龍點睛的元素——由陳啟健負責掌管音樂企劃與文案，為店內加入流動的弦律與節奏，讓來者不但能接受視覺與味覺的饗宴，更能感受以音樂、文字故事所傳遞的品牌精神。

來自日月潭的氣息、飲食文化

A B C 綠色植物成為貳房苑一大特色，源自兩位創辦人喜愛家鄉日月潭的風土環境，將大自然的氣氛移植於空間之中。

D E 店內可見的生活選物，有自製商品茶與啤酒，以及雜誌。

C

台灣元素是貳房苑圍繞的核心，「想在這裡呈現我們這個世代所接觸的台灣味，用自己的方式詮釋生長的土地。」兄弟兩人位於中部的老家，是傍著山與水的日月潭，兒時的記憶，有滿山的綠意，和那些引以為傲的Made in Taiwan外銷品，身處他們精心打造的貳房苑時，空間中即充滿著他們童年中熟悉的物件——自然生長的野生蕨類、蝴蝶標本，這些在都市裡難尋的風景，形塑出獨特的室內設計風格。在菜單規劃時，也讓許多日月潭的好味道現身品項中，聞名中外的紅玉紅茶，還有自家釀製的小米酒……；設計每道料理時，背後的發想過程，也都來自生活的經驗與觀察。

D

E

地產地銷，混搭新味

舊時吃飯是依循時令，跟著大自然的運轉採收食材。按照節氣選食，有著老祖宗留下的智慧，吃得到新鮮和美味。而貳房苑裡最富盛名的水果塔「台灣果塔」系列，便以每月時令產的鮮果製作，每款皆以兩種以上的水果，搭配出不同的口感層次，如荔枝塔、酒釀柿子塔等，隨著四季更迭，水果塔的口味設計也推陳出新。

而主食類中有一項在網路口碑滿點的料理——乾拌麵，貳房苑會以此為主食品項，來自陳和緯的觀察：「咖啡店都在賣義大利麵，怎麼沒有一點台灣味的東西？」用台灣價值為闡述的空間，還是要以在地飲食作為基礎才更接地氣。乾拌麵的麵條Q彈有嚼勁，絕非機器製麵可媲美的口感，原來是出自雲林斗六的以古法制作的日曬麵，自二代接手後，更在製麵時加入了天然蔬果汁，甜菜根的粉紅、仙草的淡墨色，再搭上陳和緯精製醬料，孜然麻辣、胡麻醬汁等，成為網友口耳相傳的好味道。

愛吃，是陳和緯覺得做餐飲業不可或缺的特質，但能把過往舌頭嚐過的好味道，留在腦中成為食材與料理的資料庫，再依所需從裡頭挖掘，拆解後重組、再演繹為自己的風格，更為重要。伴隨近年大眾的飲食習慣西化，順勢推出的早午餐，豐盛中也看到許多熟悉的台式配方，如「菜脯鹹派」或是季節限定的「蟹肉烏魚子三明治」，乍看之下有點老派的食材，以西式料理法烹調後，吃入口中轉變為令人驚喜的美味。

跨界合作的茶酒，用設計力推廣

這幾年無論東方西方，講究產地到餐桌間的距離，儼然成為一門顯學。

擷取身邊素材，走入產地是吳恩均和陳和緯致力的事，屬於貳房苑的特色飲品——有機草本配方的「好朋友茶」與水果啤酒「山桃映」，都蘊含著體貼農耕者的心意。「921 大地震後，南投地利天主堂的修女，帶著當地婦女以有機方式種植香草，希望多創造在地就業機會。」曾在信義鄉當替代役的陳和緯因緣際會得知此是，開店後便委託修女製作「好朋友茶」，除了在店內販售壺茶，吳恩均更為其設計成沖泡茶包盒組，從包裝設計著手，吸引更多人了解這美麗的故事。

以水蜜桃為原料製成的精釀啤酒「山桃映」，也有著幫助果農面對不平等遭遇的初衷，「醜水果賣相雖不佳但品質不減，做這支精釀啤酒希望能為農民帶來一些助力，一同抵禦市場篩選機制。」收購進不了市面的水蜜桃後，與專業釀酒師合作，用每瓶萃取 1.5 顆水蜜桃原汁的豪邁，無添加香精，沒有濃郁的人工香甜，以清雅的果香呈現原始風味。把尋覓在地食材遇見的軼事，善用自身設計長才的執行力與說故事的行銷力，成為生產者和消費者間相會的橋樑。「山桃映」以融合文化與農業的價值，製作出獨具在地精神的產品，更入圍台灣 GTOP（one town one product）產品設計獎，未來有機會以此向外發聲，傳達其理念給更多人知道。

F

F 讓店員穿上量身訂做，帶有禪味意境的制服，更豐富了品牌完整性。

G 可以是一間餐廳或是咖啡廳，貳房苑不侷限自身定位，讓走進來的人用心感受空間與食物的關係。

每個階段要做每個階段不同的挑戰，想要經營到長久，不可能一陳不變。

從菜單到制服，呈現品牌完整度的細膩執行力

貳房苑並不以餐廳或咖啡店自居，不想走前人走過的路，更不想被定義，以保有更多的可能性。因此選址時，刻意不選擇在個性太過明確的區域，當時什麼店家都沒有的瑞安街，是個文教氣息濃厚的住宅區，它所散發的人文氣息，與他們想追求的恰巧氛圍相同——以貼合當代的思維，呈現人文、飲食、生活美感的空間。

從繁忙的大路走至瑞安街巷弄內，推開大門，吳恩均為貳房苑選定的品牌標準色——綠色，漫溢各個角落，有花藝師協助打理的花草，是留給都市人生活中喘息的空間，家具的選用也相當巧妙，陳設其中的花磚、茶罐、玻璃窗洩漏剛好的傳統風味，尋找國外物件的混搭，也有東方特色的巧思，不那麼直接卻有轉化的餘韻，「別人比較不願意花錢的地方，我們反而花比較多心思去做，希望每個東西都有它的故事和被挑選在這裡的原因。」吳恩均平時帶領設計團隊編撰雜誌圖文，更獲得金鼎獎的雜誌設計獎項肯定，貳房苑的菜單製作自然以相等規格進行，拿在手中厚厚一本的餐單，如同一本精緻的生活刊物，除了介紹餐點，字裡行間也訴說食材們的故事與來龍去脈。

點完餐，開放式的吧檯設計，讓人能不時地聞到烹飪過程中所散發的誘人香氣，隨後由穿著一身簡約的服務人員將美食送上桌，整個服務流程，色香味都恰到好處。「剛開始制服是統一穿黑色，直到遇到合適的人來做制服設

計。」吳恩均力邀服裝設計師友人進行專屬制服的發想設計——不要像一般的圍裙，但保留圍裙的結構和功能，以大地色與綠色為主色，不但符合室內的氛圍，為服務人員添上制服的配置，更顯貳房苑品牌的風格與講究。

多角經營、有機成長

經營餐廳的全心投入，在剛開店時，吳恩均常常放下手邊正在做的設計工作，走入店裡幫忙送餐或準備食材，除了人力調配上需要的斟酌，還有尚未穩定的客源，都是初期會面臨的挑戰。但也因為餐飲與設計事業同時並進共享資源，協力扶持給與彼此養分，「在這個時代，我個人覺得能多角化經營是重要的。」從開發餐點中看見可延展的商品、店內關於音樂和旅行書籍的選貨，或在特殊節日販售鮮花……，添入有個人觀察的經營特點，是為品牌能走更遠更久的方針。

「餐飲業要走向有規模的方式，才有大賺的可能性。」但這卻不是他們的共同目標，透過貳房苑，裡頭有各種面向的自我實現。邁入營運第四年，目前正準

貳房苑經營團隊（左）陳啟健、（中）陳和瑋、（右）吳恩均。

備第二家店，新店面的街區風貌、坪數大小和空間氣氛皆不同，過往經驗無法全盤複製，餐點會向上一層突破，也因此未來兩家店將重新調整定位，區隔出來不同屬性。

營運方向、開發產品，三個人從各自的專業領域中，各自分工出力，配合融洽而能相互尊重，也是貳房苑能在市場中，持續推陳出新的原因。「它未來會是什麼樣子都可以，對於我們來說不會刻意追求，就跟著時代順勢而為發展。」期許是永續經營，每個階段有著不同面貌，像植物般吸取環境養分，貳房苑會是有機地成長下去。

保有食物的原味，抱持著為自己做菜的心準備餐點。

貳房苑 Living Green
三大獨特特色

01

以西式餐飲的料理手法在地化，有別於尋常乾拌麵與早午餐的型態，將大眾熟悉的飲食習慣，重新整理，無論是享用正餐、聚會聊天，喝點東西或是吃甜點，都相當合適，屬於全方位的用餐空間。

02

店內空間充滿令人愉悅放鬆的植物，並巧妙地混搭東西方元素，還有精心挑選的音樂，不但極具品牌辨識度與風格，也讓顧客有的感受。

03

為台灣優良的農產品帶來更多可能性，從產地採購至商品的企劃製作，整體包裝設計、禮品行銷的規劃，榮獲台灣百大伴手禮大獎、入圍台灣 OTOP 產品設計獎。推廣在地食材不遺餘力，也成為品牌的加分優勢。

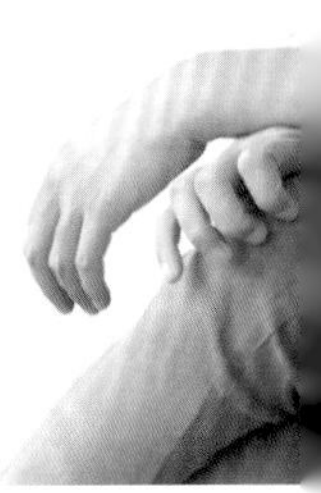

02

輕嘆 麻辣孜然仙草乾拌麵

NT$150

用精選自然烘乾六小時的日曬麵，加入胡麻、孜然、辣醬的濃纖比例，寬版的麵體伴著微辣的醬汁，一口接一口的開胃，網友稱之為「神奇拌麵」、貳房苑最招牌的鹹食。

01

摯友 南投番茄紅酒燉牛肉米飯

NT$320

加入蔬果以及店內販售的紅玉紅茶一同長時間燉煮，溫潤的鍋物，牛肉軟嫩的口感，搭配高品質的台灣出產好米，適合親子一同享食的餐點。

貳房苑 Living Green

Signature Dishes

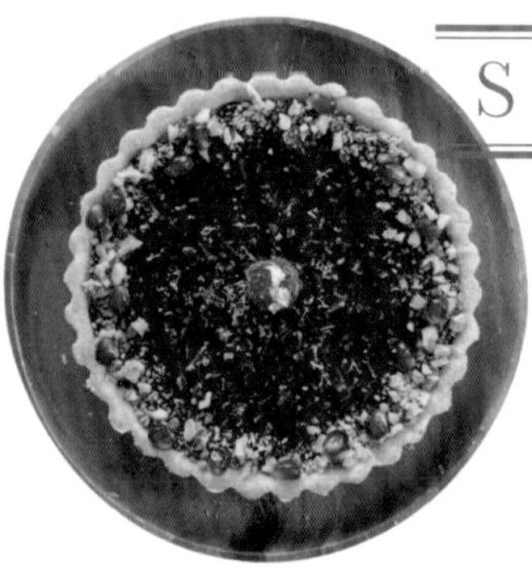

03

親密愛人 時令果派 無籽葡萄塔

NT$250

喜愛台灣水果的心製成時令果派，每月限量推出。經過長時間研發改良，除了派皮與水果，夾層乳酪增加濕潤口感，高人氣商品更提供整模外帶，特殊時節也會推出限定禮盒。

04

星願 金沙甘納許

NT$180

絲滑濃郁的甘納許，吃到最後都不膩口，店中每道甜點都會加入一味台灣食材，這一道內餡配方神來一筆添加鹹蛋黃，讓人驚奇連連，連無法嗜甜者都會愛上的甜點。

06

窮芽 日月潭有機紅玉紅茶

NT$300

來自家鄉最盛名的農產品，曾榮獲百大人氣伴手禮獎。厚實甘口的口感，帶有特殊香氣，有如肉桂韻味，在店裡多道料理都取其為材料之一，增添回甘好味。

05

山桃映

NT$210

收購拉拉山上賣相不佳卻品質優良的醜水果，集結農民的心血釀製而成，作為台灣第一支水蜜桃精釀啤酒，不含任何香精及添加物，為了品酪時也能聞到自然果香，一瓶酒大氣放入 1.5 顆水蜜桃的濃縮原汁，果真開瓶時果香四溢，喝得出小麥與水蜜桃的清雅芬芳。

貳房苑 Living Green

OPEN DATA

營業基本DATA

每月目標營業額：850,000 元

店面面積： 50 坪

座位數：42 個

單日平均來客數：90 人

平均客單價：380 元

每月營業支出占比

- 店面租金 10%
- 水電、網路 10%
- 食材、酒水成本 30%
- 人事 15%
- 行銷經費 5%
- 雜支 4%
- 空間、設備折舊攤提 8%

開店基本費用

籌備期：6 個月

房租、押金： 20 萬

預備週轉金：100 萬

空間裝修費用：400 萬
（包含改結構、裝潢、設計費）

家具軟件、餐器用具費用：110 萬

廚房設備費：70 萬

初期料理試做費用：10 萬

CI 或 LOGO 規劃、menu 等周邊小物設計與製作費用：10 萬

行銷物資費用：10 萬
（網路行銷經營）

每月營業收入占比

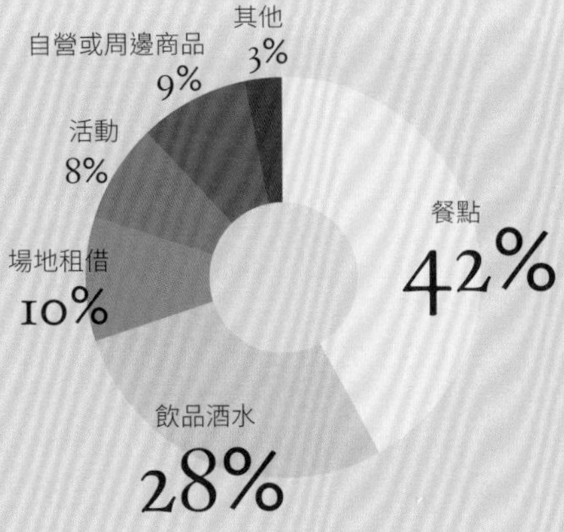

台味正潮

毛房蔥柚鍋 冷藏肉專門

台南在地食材、老屋、溫度
與美食的傳承

毛房蔥柚鍋 冷藏肉專門
相繼在2017 A.A.TASTE AWARDS
亞太無添加美食獎獲選一星評比，
以及2018 IF DESIGN AWARD
獲得室內設計大獎，
料理與空間同時大放異彩，
在老房子裡吃火鍋，
對於太過鮮明的台南小吃庶民印象，
提供了一處感受不同以往的飲食風情。

文・陳婷芳　攝影・星辰映像 雷昕澄

毛房蔥柚鍋 冷藏肉專門

店址／台南市東區府東街148號
電話／06-209-8199
Web／www.facebook.com/Maofun2098199
營業時間／周一至周日11：30至14：30、17：30至21：30
目標客群／10～80歲 美食愛好者、家庭

A E 老房子改裝過程若能保存下部分重要建築元素，例如鐵花窗、磨石子等，讓新舊融合，仍能展現出老屋特有的韻味。

B 餐廳招牌——掛在鐵窗上，以手工紅銅手打而成的大字「毛」，特別吸引過路客的注意。

C 在入口玄關牆面，以銅製湯匙圍繞構成入口團圓意象。

D 名片設計有如鍋子的輪廓，點出毛房主打鍋物的品牌核心。

兩層樓高的街屋，素樸的水泥色搭襯著鐵花窗，這是在台南街道巷弄之間最熟悉的老屋面貌，毛房蔥柚鍋進駐了這麼一棟半百屋齡的老房子，低調的外觀猶如老照片一般，鐵窗上的「毛」字手工紅銅手打而成，銅鏽的變化，彷彿老房子與時間的故事，日復一日。

以姓氏為品牌識別，代表商譽

十三年前開設諾亞方舟餐廳，以及後來的小方舟串燒酒場、毛丼丼飯專門店、毛房蔥柚鍋冷藏肉專門，其實經營者毛耀呈在台南餐飲界已頗有資歷。從西餐跨足日料，甚至四家店四個品牌，毛耀呈沒有選擇一般複數店的成功捷徑，無論是十多年前的西餐 Lounge Bar 正流行，或近年串燒

D

E

C

居酒屋風靡當道，他說，每個品牌的內容與開店時機，都是和自己不同時期所偏愛的食物和成長背景有關。

四家店的演進，和毛耀呈的成長背景有很大的關係：回憶起外公、外婆受著日本殖民統治，父親是外省人，母親為本省人，父親熱愛下廚，除了做外公、外婆喜愛吃的日式料理，父親也計畫在退休後開屬於自己的日式料理店。父親因長年在外地工作，3個月才回家一次，雖然如此造成小時候與父親的感情疏離。但在有了家庭孩子之後，也漸漸理解父親對待自己的愛，毛耀呈自身也愈加重視食安的細節，「毛丼」開始追求食材的改變，但在「毛房蔥柚鍋 冷藏肉專門」才算實現得淋漓盡致，高達九成以上的無毒或有機食材，毛丼和毛房皆以毛耀呈的姓氏作為CI品牌識別，正代表對父親的思念和圓夢及對自己的出品很有信心，「現階段對我而言，這是關乎企業責任與商譽。」毛耀呈說。

日本大蔥＋柚子醬＋主打冷藏肉，確立餐廳定位

「原本設定的是很時尚的火鍋店，並且鎖定 high-end 高端消費客層，完全沒有想像是老房子」，毛耀呈很慶幸當時沒有倉促推出，雖然一直很想要開設日式火鍋的餐廳，但畢竟南北文化大不同，南部人愛吃沙茶爐，口味偏重，還必須是鴛鴦鍋有多種鍋底可供選擇，品牌創意總監毛太太說，「毛耀呈點子多，性格比較跳TONE，他不會跟風時下流行的趨勢」，完全以昆布加柴魚高湯的日式火鍋，沾醬也是清爽的柚子醬，在兩年前算是相當挑戰台南人口味。

關於蔥柚鍋的靈感來源，其實是來自於毛耀呈到京都必訪的「蔥屋平吉」與「柚子元火鍋」兩家店，對台灣人的飲食習慣來說，日本大蔥煮的鍋物太單調，日本柚子味道太酸也太跳 TONE，於是他想到可以將兩者結合在一起，毛房蔥柚鍋 冷藏肉專門首先確立三個定位，就是日本大蔥、柚子醬、主打冷藏肉，以此方向展開從產地到餐桌的尋訪食材里程。

台灣在地食材理念，不時不食遵循自然之道

吃日式火鍋就要道地的日式作法，在日本火鍋菜盤通常只有水菜（日本蕪菁），於是在毛房蔥柚鍋 冷藏肉專門的菜盤只會有生

F

F 服務一或兩人來用餐的客人，特別規劃了吧檯形式的用餐區。

G 毛房特別講究用具，如蔥柚鍋用的手打銅鍋即是選用日本的新光堂銅鍋。

鮮蔬菜，完全沒有任何加工品，「台灣火鍋店很少敢用水菜，除了考量成本高，水菜屬秋冬作物不易種植，也會影響供應量」，但為了堅持一定要有日本大蔥和日本水菜，毛耀呈乾脆直接與台灣小農契作。

從菜盤到肉盤，選用台灣在地食材是毛房蔥柚鍋的理念之一。菜盤以旬菜為主，所謂「不時不食」就是遵循自然之道，食物應時令、按季節來吃，北海道水果玉米、高麗菜、蕈菇、野類等等，多數是採取小農契作，具產銷履歷、可溯源的食材，毛耀呈甚至會建議客人水果玉米、日本大蔥生吃品嚐，感受最自然的原味，食材上還有以台南麻豆文旦自釀的柚子醋，台農71號益全香米吃到濃郁的米香，每個環節都能看到台灣小農的身影。

最重頭戲登場的莫過於冷藏肉，要與市面上火鍋店多用冷凍肉有區隔，毛耀呈展現「非要日本標準不可」的企圖心，日本火鍋吃的一定是冷藏肉，但又要盡量使用台灣在地食材為優先，當初為了找到理想的肉品來源，著實煞費苦心。蔥柚鍋主打的冷藏鮮肉來自雲林的究好豬，友善動物、人道飼養，無藥殘、不施打抗生素，與自己的理念相合，「我不用伊比利豬、巴克夏豬，因為國外豬無法冷藏，既然供應的是台灣豬肉，消費的定價可以更符合市場的接受度，也更能忠於自己想要傳遞食物的價值，」毛耀呈說。

翻開毛房蔥柚鍋 冷藏肉專門的菜單，脈絡精簡，無須選擇鍋底，特選鍋料理套餐有八種，因應老

G

饕偏好而供應的單品料理重質不重量，如手工魚冊魚餃等老台南古早味，或如安平鮮蚵、七股文蛤等浪尖上的海味，他說「每個人都有選擇障礙，我自己吃飯也是會選擇項目數愈少愈好的店家，單純以經營者角度來思考，其實這樣庫存也愈少」。

老屋空間新舊融合，增添國際化的時尚質感

毛耀呈夫妻倆是台南在地囝仔，對台南老房子特別喜愛，他笑說「一般正常程序應該是我想要做什麼再去找房子，毛丼和毛房卻是先看到房子才想說來做什麼」。毛房這棟老屋原本閒置荒廢三十多年了，屋況極差，之前每天經過也沒有想要在這裡開餐廳，只是為這房子覺得可惜而已，當時抱著試試看的心理，卻從此結下緣分。

毛房的空間美學是由毛太太負責主導，「我們首要原則就是把老房子原有的結構保存下來，例如鐵花窗、磨石子、磚瓦、木樑等」，為了將兩棟樓房打通，委託土木技師加強結構，並請專人鑑定，管線水路也要重新鋪設，毛耀呈坦言，老房子修繕費用甚至比打掉重練蓋新的還要多。

「我很不喜歡老房子看起來髒髒舊舊的」，毛太太保留了老房子該有的年代韻味，但增加西班牙花磚、摩洛哥吊燈，營造復古又時尚的質感，如同在樓梯轉角投影的一行文字，「there is no sincerer love than the love of food」，英國大文豪蕭伯納說沒有一種愛比對美食的愛好更真誠，「老房子不必非得是台南味，我想要設定更國際化的空間情境。」毛太太說。

從器皿到服務，注重日式氛圍細節

空間色彩主要有銅色與綠色作為CI企業識別的顏色，除了老屋原有的記憶，毛房運用大量銅器與木材質，自然氧化形成時間的延續，毛耀呈說「我們很喜歡銅器，有溫度的工藝品」，蔥柚鍋用的手打銅鍋就是日本新光堂銅鍋，接下來還有共鍋的計畫，打算用上夫妻倆最愛的日本有次銅鍋；此外，蔥柚鍋用了許多日本大蔥，則是綠色表現的由來，「設計師特地以台灣早期才有的銅綠色，在天花板、板凳、水管上色」，低彩度的主軸又有畫龍點睛的效果。

既然是日式火鍋專門店，日式氛圍尤為重要，包括服務人員服飾、陳設用具露出日文設計，店

開店沒有固定的方程式，也許重口味久了，味覺會慢慢回到天然的滋味，每一次新的嘗試或轉型，最好的心態就是慢慢瞭解而認同。

H1 除了保留了老房子該有的年代韻味，又新增西班牙花磚、摩洛哥吊燈，營造復古又時尚的質感。

內音樂則是日本歌曲，客人進門時聽到「お帰りなさい」（歡迎回家）。在毛房玄關以銅製湯匙圍繞構成入口團圓意象，令人印象深刻，毛耀呈解釋「台灣人團聚的時候就會吃火鍋，我想藉此表達團圓的情感意涵」，回到家可以很放鬆，安心吃著為家人準備的食材料裡。

毛房蔥柚鍋 冷藏肉專門經營者毛耀呈。

專業與信任，經營法則言簡意賅

不從正門進出，毛房西側留了一道小徑帶往側門，保持著低調幽靜，在京都很多餐廳都是這樣的動線規劃，沿著外牆擺放著長板凳作為候位使用，不難想像排隊的人潮，「我們不喜歡爆紅，但會正面看待」，毛耀呈談到毛房剛推出時，期待值的確非常高。兩年下來，毛房一直是令人安心的，也從毛房去檢視改善前三個品牌的體質，創業或許有時運，但不能短視，建立專業度和信任度，這就是品牌價值的基石。

毛房蔥柚鍋 冷藏肉專門 三大獨特特色

01

菜盤裡一定有日本大蔥和日本水菜，呈現日本家常食材，且為了有穩定的貨源，特地和台灣小農契作。日本大蔥可生吃，甜度高，日本水菜營養價值高，服務人員在上菜時會先說菜，簡單汆燙即可品嚐。

02

忠於台灣在地食材的理念，非得要冷藏鮮肉，自然無毒飼養，肉盤是來自雲林的究好豬，以及起源於台南龍崎純正放山雞的野飼崎雞，為了自控品質，特地斥資添購日本進口的冷藏肉切片機。

03

雖然菜盤上堅持只有小農蔬菜，但為了習慣傳統火鍋吃法的客人，精選了少許老台南在地好料，手工魚冊、阿嬤蝦米丸、超彈牙豬血糕、非基改有機豆皮，全都是台南老市場才有的手工古早味。

毛房蔥柚鍋 冷藏肉專門

OPEN DATA

營業基本DATA

每月目標營業額：150～180 萬元

店面面積： 地坪 30 坪、建坪 60 坪

座位數：58 個

單日平均來客數：100 人

平均客單價：180 元

開店基本費用

籌備期：12 個月

房租、押金： 16 萬

預備週轉金：100 萬

空間裝修費用：270 萬
（包含改結構、裝潢、設計費）

家具軟件、餐器用具費用：450 萬

廚房設備費：180 萬

初期料理試做費用：10 萬

CI 或 LOGO 規劃、menu 等周邊小物設計與製作費用：70 萬

每月營業支出占比

- 店面租金　2%
- 水電、網路　5%
- 食材、酒水成本　40%
- 人事　25%
- 空間、設備折舊攤提　前 24 個月

每月營業收入占比

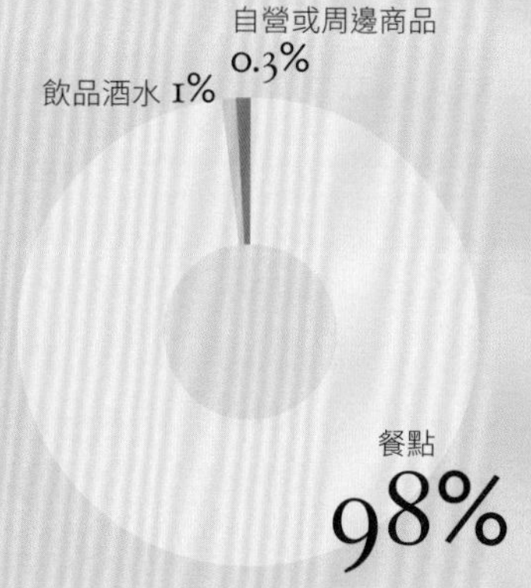

02

01 直送小農蔬菜

日本大蔥、日本水菜、北海道水果玉米、高麗菜、鴻禧菇、杏鮑菇等等食材，採取小農契作，無毒有機讓人吃得好安心。

02 阿嬤虱目魚三料丸

以虱目魚皮、魚肚、魚肉獨家特製的虱目魚三料丸，比起單純的魚漿，口感層次更豐富。

03 手工魚冊

只有到了台南才吃得到的古早味，以狗母魚肉打成魚漿製作，再包覆魚肉末，吃起來彈牙鮮味，是婆婆媽媽們最愛的老市場火鍋料。

04 花枝漿

強調吃得到花枝的花枝漿，鮮美彈Q，放入昆布柴魚高湯，更能帶出鮮甜的海味。

05 芋見鮮肉丸

原是隱藏版料理，實在太受喜愛而變成人氣單品，肉丸咬下能吃到綿綿的大甲芋頭，比爆漿口感更夢幻。

06 究好豚

頂級腹脇肉嚴選油花、油脂最豐滿的部位，頂級嫩肩肉精選梅花肉肉質軟嫩部位，脆彈口感，最適合吃軟不吃硬的人。

07 日本柚子汽水

柚子的香味平衡了汽水的甜膩，照顧不喝酒的朋友，與日式火鍋搭配起來，滿滿的清爽感。

07

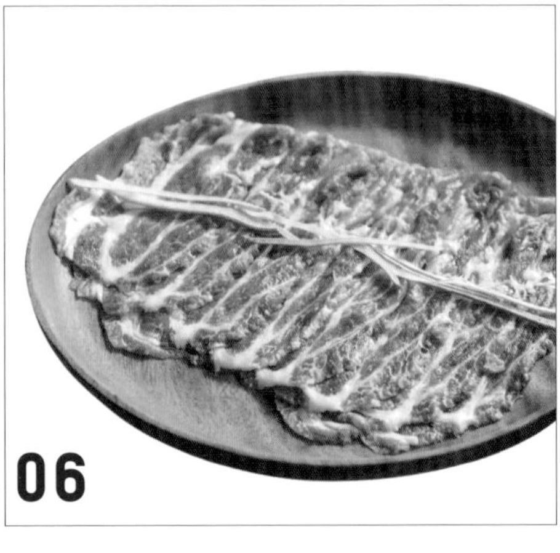

06

Signature Dishes

和興號鮮魚湯
HoHsin

台味正潮

和興號鮮魚湯

老店新開
創造台南美食小吃新指標

這是一個老店新開的經營案例，
從騎樓的街邊店轉型為全新的實體店面，
也以全新的店名再出發，
每個改變都是一次次的抉擇，
和興號鮮魚湯的勇於嘗試，
讓人對台南小吃店的觀感有所改觀，
吃小吃也可以很「潮」。

文・陳婷芳　攝影・星辰映像 雷昕澄

和興號鮮魚湯

店址／台南市中西區忠義路二段 49 號

電話／06-221-5257

Web／至 FB 搜尋「和興號鮮魚湯 HoHsin Fish Soup」

營業時間／平日 11：00 至 14：00、17：00 至 21：00
假日 10：30 至 14：00、17：00 至 21：00

目標客群／5 ～ 100 歲 美食愛好者、家庭

緊鄰台南五棧樓仔的林百貨旁，和興號鮮魚湯必然受到不少觀光客投以目光，嶄新的店面在「新開店」錯覺下，吸引許多饕客前來嚐鮮，仔細一瞧橫立的招牌上落款寫著「Since1999」，這才透露開店已近二十載光景。窗明几淨的落地窗看見高朋滿座的人客，假日時還得拿著號碼牌排隊，休息沉澱近五年，老店轉型再出發人氣依舊。

町仔腳的小吃攤，以口碑奠定轉型基礎

「和興號鮮魚湯其實是老店新開，並不是傳承給第二代接班的型態，」店長王惠慧一開口就先釋疑。關於和興號鮮魚湯說來話長，1999年老闆吳朝榮在公園路路口開了這家店的前身「鱻魚店」，當時就是一個所謂「町仔腳」的小吃攤，因為料好味美，靠著一碗一碗的鮮魚湯，慢慢地建立起為數頗多的老主顧客群，直至2013年，吳朝榮和王惠慧想要調整轉型，也打算在料理和食材上有所精進，於是毅然決然地結束了小吃攤的生意。

2017年適逢老闆的兄弟姊妹們也都紛紛退休，大家興起了開啟退休後的「創業計劃」的念頭，因此決定將「鱻魚湯」重起爐灶，一來是因為「鱻魚店」當年已培養了一群忠實顧客，二來鮮魚湯

A 和興號鮮魚湯從舊時的小吃攤，轉型為更明亮、舒適，更符合現代餐飲需求的店面空間。

B 吧台設計仿造日本料理冷台設計，高腳椅前方鉤著的綠色小魚網，用來擺放醬油小碟子。

C 將鮮魚湯以插圖風格呈現於暖簾，上頭寫著「Since1999」，透漏出此店的歷史已近二十年。

A

C

B

也算是台南飲食文化中頗具代表性的料理，有了共識之後，「我們決定以老父親已經營七十年的金紙鋪『和興紙行』為名，開了這間和興號鮮魚湯，也代表家和萬事興，」王惠慧說。

創新與守舊的抉擇，鎖定年輕群族

老店新開的過程需要面臨創新與守舊的抉擇，最大考驗莫過於店名的改變，雖然「鱻」與「鮮」同音，對很多人來說卻是不會唸的，王惠慧坦言要放棄原店名，是很不容易的決定，其次是不再規劃前台處理魚貨的工作區，「以前在老店時，老闆就在攤子上整魚、去骨、片魚，南部人習慣看的到，才叫做新鮮」，現在店面則必須考量整體空間環境，不得不改變。另外台南人會吃魚湯當作早餐，但因為店面位置在商業區、觀光點上，觀光客多半不會特地來吃早餐，早上營業時間沒有多大收益。

之前曾有老阿伯穿著拖鞋到了門口不敢走進來，也許是遲疑觀望這樣的店是不是年輕人的潮店，「鱻魚店若不細看門面，的確和老店一點關連也沒有，會出現距離感」，王惠慧提到，台南是小吃及美食之都，是一個各種傳統特色小吃與時下流行時髦的餐廳並存的都市，或許是因為用餐的舒適性及衛生條件，使很多年輕人偏向至有空調、明亮、舒適的餐廳用餐，「我們希望小吃的這項飲食文化可以傳承下去，所以開店前的企劃就是將餐廳打造的舒適明亮，讓年輕人、甚至外地客願意走進來體驗鮮魚湯這種小吃料理，也想藉由新的店面風格給老顧客一個耳目一新的感覺」。

簡約文青風格為主題，生活化巧思營造空間氛圍

整體空間設計著墨甚深，暖簾上的字樣和主LOGO依然保留「鱻」字，讓老客人能有所聯想產生共鳴，白色磚造主牆的手繪魚圖則是巧妙運用玻璃窗折射原理，讓魚兒游向裡面，代表著豐收滿載的意思，「客人常會問那是什麼魚，我總會打趣的說，那不是在海裡抓的，是在網路撈的」，王惠慧妙語如珠令人印象深刻。

以黑白為底的低彩度空間，搭配木作桌椅吧台，流露著簡約的日式輕工業設計風格，吧台設計仿造日本料理冷台設計，玻璃櫃裡陳列每天新鮮現做的小菜，一目了然，在老店時期，小菜是寫在黑板上，其實客人不見得知道是什麼料理，例如招牌小菜之一的花生豆腐，新客人總以為是在豆腐上灑花生，實則不然；或是客人要點鮮魚湯時，也必須主動開口問老闆今天有什麼好吃的，「對年輕人而言，這種客製化的鮮魚湯容易造成體驗的障礙」王惠慧解釋；而且吧台很適合一個人來用餐的客人，單身族、獨居長者近年發展出孤獨飲食的趨勢，溫熱的鮮魚湯彷彿可以給人帶來溫暖的慰藉。

因為年輕人喜歡拍照，有一些創意靈感也因運而生，在餐桌底部堆疊綠色物流箱當作包包的置物籃，角落放置魚籃表達鮮魚店的裝置藝術，吧台上的魚簍裝的是名片，桌邊鉤上的小魚網有醬油碟子，更有趣的是，筷套打開

是籤詩，讓人莫名會有期待感，將討海人的故事營造出活潑的餐廳風格。

MENU 設定簡單不花俏，小農食材更精挑細選

不再沿用老店客製化鮮魚湯的經營型態，和興號的 MENU 設定更趨於簡單，「老一輩對菜色的觀念就是要包山包海，可以照顧到更多人，但既然要轉型，就應該專注在自家招牌料理上」，王惠慧聽取了年輕一輩的管理之道；菜單上的薑絲、味噌、西瓜綿是原有的舊口味，每日限量的豆乳與翡翠則是新品，以龍膽石斑魚為主軸，發展出從清爽到濃郁的不同口味。

王惠慧表示，喝魚湯在台南本身就是一種文化，但因為台南虱目魚、土魠太多了，當初鱻魚店特意不去強碰主流市場，才有野生的紅條、海鱺、石斑煮魚湯的料理。至今老闆依然保持親自操刀的態度，工作之餘也都看他在磨刀，甚至被自己太太笑稱是切魚的宅男。

男主內、女主外是他們分工方式，王惠慧每天早上六點就去市場買菜，食材方面還有從各地小農尋找一些旬時少見的蔬果野菜做成特色料理，「以前的人是呷飯配菜，現在是呷菜配飯，飲食習慣完全顛倒」，王惠慧對自己的私房小菜覺得最自豪，例如花生豆腐採用黑金剛花生做成豆腐，淋上南投小農自製梅果醬，看起來很簡單的小菜，但口味層次很豐富，即使是常見的燙四季豆，也自創藜麥加入胡麻醬搭配吃法。

G

E

H

F

D H 因應新世代熱愛拍照打卡，店內處處可見與客人互動的有趣點子，如角落魚籃內的漁獲裝置藝術、筷套打開後藏著籤詩等。

E 暖簾上的字樣和主 LOGO 依然保留前身「鱻魚店」的「鱻」字。

F 可供外帶時使用的醬油小容器，也特別選用小魚造型。

G 玻璃櫃裡陳列每天新鮮現做的小菜，讓客人一目了然。

這家店是我們人生的最後一搏，把所有精力體力投入其中，期許自己稱得起「魚湯界的 LV」這封號！

食材新鮮度最重要，熬湯汆燙好基底

「每天的魚貨進貨量需要很精準，因為魚貨最講究的就是新鮮」，鮮魚湯的高湯基底要用大量魚骨熬製約七小時，吳朝榮最喜愛味噌鮮魚湯，他毫不藏私地分享美味關鍵，就是無須陷於味噌品牌迷思，真正美味的靈魂來自於魚骨的高湯，連日本人都讚不絕口；另外一款超級古早味的西瓜綿則是南部特有的味道，自製的西瓜綿需要七至八天的天然發酵，「我們的理念就是做自家人都可以吃的，食材的把關絕不能虛應一應。」王惠慧補充說明。

跟著台南人的道地吃法，鮮魚湯搭配主食，如虱目魚脯飯或瓜仔肉飯，或也可以在鮮魚湯中加入意麵，小菜台營造一種類似傳統「飯桌菜」的用餐概念，讓客

I 空間以簡約的日式輕工業風格為主，搭配木作桌椅吧台，給予人明亮舒適之感。

J 吳朝榮與王惠慧兩人男主內、女主外，同心經營料理。

K 老闆吳朝榮至今依是親自操刀，日日親上料理台片魚煮湯。

人可以搭配出一桌有菜有湯有主食的組合。「魚湯配滷肉飯很對味，但是滷肉飯我自認煮輸那些小吃老店，所以我就想到了瓜仔肉拌飯吃」，王惠慧窮則變，變則通，即使是傳統小吃也必須保有彈性的因應之道。

老店實戰經驗，為理想投入而樂在其中

忙忙碌碌大半輩子，吳朝榮和王惠慧夫妻倆大可享清福了，然而有些熱血的事，無關年紀，就像僅僅是聽到老阿伯喝完魚湯講了一句「這ㄟ和」，對他們而言，已絕非金錢可以衡量的成就感，「我們的初衷是想要建構一間屬於台南喝魚湯文化的店，創造台南小吃美食形象概念店。」王惠慧表示。創業需要理想，擁有二十多年老店實戰經驗，老店新開才能更接地氣，也更有底氣。

和興號鮮魚湯

三大獨特特色

01

鮮魚湯料理，重點是展現魚肉的彈牙口感及魚湯的鮮甜味，食材新鮮與否非常重要，店內的龍膽石斑魚都是當天由安平港直送，絕不用冷凍魚肉，皮厚帶Q，肉質緊實彈牙。

02

季節性食材希罕難得，翡翠鮮魚湯採自澎湖離島將軍嶼的野生海菜，有專人採集清洗，用完就沒了；海鮮麵裡的野生赤嘴仔也是可遇不可求，還有自製的菜脯、西瓜綿吃得到道地的古早味。

03

小菜台上營造傳統的飯桌菜，整潔有序，菜色多元，苦瓜佐花椒豆豉，赤道櫻草佐櫻花蝦，封肉搭配來自南投竹山有機筍的特製筍乾，新鮮送達的蕈菇在烤箱裡鎖住滋味，店長王惠慧獨到的烹調手法不勝枚舉。

和興號鮮魚湯

Signature Dishes

02

西瓜綿綜合鮮魚海鮮麵

NT$250

滿滿一碗澎湃的綜合海鮮，有龍膽石斑、海鱺、虱目魚、白蝦、蛤蜊、虱目魚皮丸超豐盛，西瓜綿魚湯喝起來酸香夠味，又不掩蓋海鮮的鮮甜滋味，幾乎是南部海產店必推的特色招牌。

01

翡翠鮮魚湯

NT$200

春天採自澎湖離島將軍嶼的野生海菜，數量有限。宛如翡翠般精緻的鮮魚湯色，更能襯托龍膽石斑魚的不凡身價，翡翠鮮魚湯配料豐富，虱目魚皮做成的黑皮丸富含膠質，肉質鮮美，比起虱目魚丸口感獨特，坊間很難吃到的特製魚丸。

03

味噌鮮魚湯

NT$160

濃郁的味噌湯頭不是特地使用日本味噌的醇味，而是因為魚骨熬出的高湯鮮美，使得味噌的味道顯得分外純粹。味噌鮮魚湯除了有真材實料的龍膽石斑魚肉，還放上豆泡，吸飽湯汁時吃起來超有古早味，以前老一輩人都是這樣吃的。

04

豆乳鮮魚湯

NT$180

店長王惠慧原創的豆乳新口味，非基改研磨的豆乳調和在魚骨熬煮的高湯裡，加入大白菜，引出蔬菜的甘甜味，湯頭喝起來清爽不膩，灑上自製炒辣椒粉，辛香而不麻辣，對喜愛嚐鮮的年輕人，相當有好評。

05

花生豆腐

花生豆腐是經典的傳統客家菜之一，黑金剛花生研磨製成的豆腐，夢幻的紫色豆腐堪稱色香味俱全，吃起來口感像奶酪。不侷限涼拌豆腐淋上醬油膏的吃法，佐以創意的變化，搭配南投竹山小農的手工梅果醬，滋味鹹鹹甜甜又爽口。

06

赤道櫻草佐櫻花蝦

俗稱日本枸杞葉的赤道櫻草，南部人通常稱之為活力菜，最佳的料理手法就是燙青菜，呈現赤道櫻草原色與本質，佐櫻花蝦或其他食材，也能夠多多發揮創意。

07

虱目魚脯飯

NT$30

嚴選虱目魚菲力部位的魚柳特製成魚脯，有別於古法是用倒入沙拉油一直攪到酥，刻意表現香氣的特色，店長王惠慧寧可保留最原始的風味，愈樸實，愈安心。

table
for
ONE

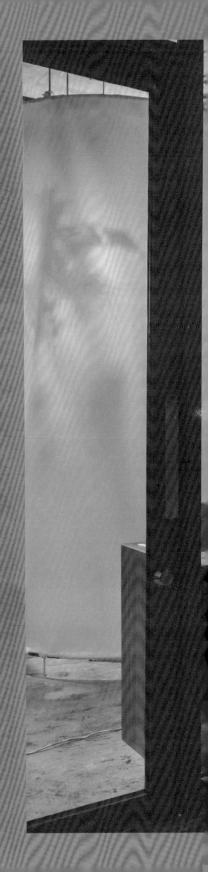

特殊用餐體驗

驚喜製造

Surprise Lab.

用一頓晚餐的時間
為都會生活帶來奇想樂趣

新創浪潮正盛，
許多創意正隨時在你我的生活中出現，
原創體驗的製造商——驚喜製造，
以「沉浸式體驗」融入餐飲服務，
創造出新的遊戲規則，
過去沒想過的事情，
一切都變得有可能發生。

文・陳慧珠　攝影・張藝霖　圖片提供・驚喜製造 Surprise Lab.

驚喜製造 Surprise Lab.

店址／台北市健康路 9 號 1 樓

Web／ www.surpriselab.com.tw／dininginthedark2／about.html

營業時間／依實際訂位時段

目標客群／25～35 歲女性、勇於嘗試、社群媒體使用者近兩年成為社群媒體熱門話題「無光晚餐」、「一人餐桌」，以限時快閃的店面空間、新奇有趣的用餐過程，讓「吃一頓飯」的時間不只是吃飯，還有更多令人從大腦、身體五感全面開啟的體驗，吸引市場關注。執行這個餐飲創意計畫的，是由陳心龍、林業軒共同所領軍組成的——「驚喜製造 Surprise Lab.」，成立至今兩年，成員們各來自不同專業背景，每個計劃都由團隊共同策畫。在 2018 年下半年推出無光晚餐第二季，首次挑戰預售集資計畫，採線上預售模式，同樣開出漂亮成績。

原創體驗的製造商 台北可以更有趣

從成立驚喜製造，到先後兩個計畫的成功，起點來自陳心龍在

A

英國求學的經驗：「倫敦是一個什麼事情都會發生、都可以發生的城市。我從 2014 年在那裡生活時發現，社群廣告和資訊已經過於膨脹，人們開始重視能真正經歷到的體驗，所以當時有非常多快閃店、沉浸式體驗劇場和表演。大家也願意花錢去支持那些好的事情，人們認同創意，創意是有價值的。創作的人不管有沒有背景、有沒有錢，就是丟出最有創意，最屌的想法，拚了去做。努力將腦中的概念呈現後，如果能獲利，自然能更堅定信念。這樣的氛圍我覺得很棒！」

回到台灣，看見台北也擁有可以變得更加有意思的可能性，但為什麼選擇「餐飲」作為沉浸式體驗計畫的第一個切入點？陳心龍評估：「台灣的消費者其實願意花錢在飲食需求上，這是個好

的出發點。而前幾年『食物設計』很熱門，我在英國時也去參加了當時在歐洲最好的兩個計畫，他們確實很棒，但我不認為我們做不到。這兩個計畫發展時間都不超過十年，我想給我們十年，應該可以做得比他們好。」

驚喜製造以「原創體驗的製造商」為定位展開行動，但還是要先測測市場的水溫，陳心龍抱著，若是第一季的「無光晚餐」成功，就可以繼續做下去，但失敗就解散團隊的決心前進。這種台灣從沒有出現過的餐飲體驗形式，一炮而紅，許多合作邀約接連而來，「現在我們會與不同的設計師、團隊合作，推出屬於他們的原創體驗。但目前的邀約案件還是脫離不了食物範疇，或是食物相關的空間。」陳心龍很清楚自己的目標：「我不是要變成 fine dining restaurant，也不是想要做連鎖餐廳，我們就做好體驗。」

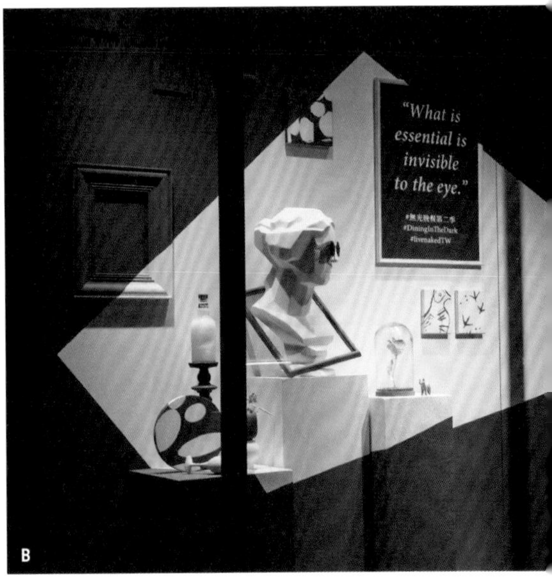

B

C

ABC「無光晚餐」第二季接待處及入口設計，如舞台般戲劇感十足，引人注目。

挑戰市場，販售「無法預測的飲食經驗」

沒有傳統餐廳的框架束縛，驚喜製造在市場機制之上，加入天馬行空的創意奇想，以「無光晚餐」作為首發體驗作品的主題，噱頭十足，「我們想做一個往好玩有趣方向走的黑暗體驗。」走入「無光晚餐」的空間，用餐者會被帶到伸手不見五指，徹徹底底全黑的環境中，讓視覺之外的感官知覺自然而燃放到最大，比平日敏銳數倍以上。在無法確認放入口中的東西是什麼的時候，每道料理仍經過精心設計，結合不同的小活動、互動指令，顛覆你我日常吃飯的慣性邏輯，宛如一場自我探索的過程。

D

心是正向的，你的產品就會正向，價值就會傳遞。

E 「table for ONE」的空間設計在每個座位之間保留了微妙的距離感——讓用餐者可以沉浸在一人的小世界裡，也可以偷偷觀察其他桌的客人。

E

DF 經營模式如表演劇場般，在同樣的場域地點，隨著每檔計畫的內容改變空間設計表現，圖為「無光晚餐」和「table for ONE」的餐廳外觀對比。

看似脫離常規，執行卻非常務實，計畫前置期，陳心龍會先計算整體的財務結構，要呈現什麼樣畫面、體驗的品質、需要的時程，都在腦中跑過一輪，再去分配手上的資源。無光晚餐的營運成功，讓驚喜製造得以繼續「玩」下去。

賦予 90 分鐘更多價值——table for ONE

新作品不免遇到新挑戰，陳心龍提到：「我們已經知道怎麼讓食物變得有趣。再來是如何在整個過程中，確實傳遞出我們想訴說的價值。以 table for ONE 來說，它的概念比較難溝通，不管是邏輯層面還是感性層面。」顧名思義，這是一個，只接受一個人訂位、一個人吃飯的空間。團隊內部花了三個月不斷討論，從用字的定義，挖掘獨處對都會人生活的必要和吸引力，再發展出「一個人很好，一個人有很多面向，很多可能」的核心論述。

table for ONE 巧妙地間隔開了每一個座位，讓你確實地處於「一個人用餐」的狀態，除了和自己獨處的用餐過程，空間中所隱藏的小道具、和外場人員之間的互動、用餐結束寫一封信給陌生人，一個月之後你也會收到另一個陌生人寫的信……，總總細節，讓整個過程其實不僅是當下的 90 分鐘，而是各種體驗不斷加疊後，會在內在慢慢發酵的感受。

陳心龍也不諱言，團隊一開始充滿忐忑：「我們知道這件事很好，但不確定會引發什麼。」然而，從客人留下的紙條或 FB 留言裡，看見有的人帶著過世另一半的照片來用餐，邊吃邊落淚，哭完之後繼續面對明天；也有男友推薦女友來，靜靜一個人吃完，回去後卻決定分手。也有兒女特別送給母親一人餐桌的體驗。「在table for ONE，我們發現多了人性溫暖跟療癒的故事。」也因此table for ONE實際接觸到的客群更廣，這是作品本身帶給團隊的驚喜。

不只是餐廳更像劇場，所有人都是演出者

因為用「吃」作為體驗切入點，但非餐飲專業出身也毫無相關經驗，就要直接管理一整個廚房團隊，非常高難度，「fine dining圍繞著明星主廚以料理為主，我們所做的恰恰相反，是以外場為核心。先想出要給客人什麼樣的體驗、外場要如何服務，再請主廚配合這個方向去設計菜單，兩邊的出發點不一樣。」兩檔計畫執行下來，才慢慢了解如何和主廚溝通。

體驗為主，對第一線的外場人員的要求也跟一般餐廳不同，「我們給的觀念是，你是演員，不只是服務生。藉由這樣的角色設定，讓每個人出現在這個空間時，如同在『舞台』上，創造出自己的態度，融入在整個氛圍中。而客人走進餐廳，也不只是吃頓飯或看個表演，而是實際一起參與了表演，這就是『沉浸式』體驗的核心。」陳心龍也說道，每個外場服務生都有絕對的權力可以發揮自己的創意，「創意是無限可能，我們灌輸自由度，他們就能扮演好我們賦與的角色任務。」在table for ONE計畫就發現非常多客人和服務生的有趣互動：有

G

H

的服務生自己組樂高，寫紙條說他想載客人去兜風。或是寫些奇怪的問題，如果客人回答完就送一杯小飲料。也因為如此，讓兩個作品的熱潮始終維持一定的討論度。

自我定位展演空間，預先保留變換彈性

不論是無光晚餐或是table for ONE都是在同一個地點，針對位點的選擇，陳心龍很清楚客源是預約客為主，過路客為輔，只要在市區交通方利之處即可。因為團隊裡沒有專職設計師，所有的空間或平面設計都是外包。因空間定位為如表演劇場般，需可隨著每檔計畫的內容改變，設計師是以具彈性變化的隔間取代固定的結構，利用材質呈現出氛圍質感。「現在我們比較像是在經營一個『有廚房的表演場域』，怎麼替換裡面的內容，時間檔期怎麼安排，這些是關鍵。」

翻轉遊戲規則——線上預售、海外授權

從每個作品中不斷創新升級的信念，陳心龍分享無光晚餐的第二季最新主題：「Key Slogan是小王子裡的一句話『重要的事情眼睛是看不見的，用心才看得見』，由這個核心論述延伸出八個我們認為重要的價值，接著去做科學、社會學、心理學等等的研究，再討論發展成實際的菜單。」

越脫離商業包裝，越純粹的內容跟純粹的創意，人們更願意分享。

GH 每一次的體驗設計，都像是在規劃一場表演，故團隊也會因應主題設計情境視覺，透過網路分享發酵，引起討論，觸及更多可能的客群，此為「table for ONE」的形象照片。

I 「無光晚餐」入口接待處，藉由四個小海報的視覺圖像，提醒來者：「你準備好進入黑暗了嗎？」

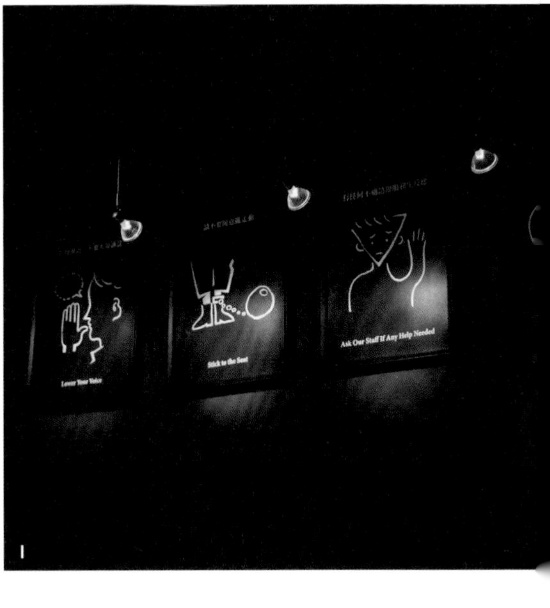

第二季的體驗還有待市場的回饋反映，讓人好奇的是，驚喜製造這次又給自己什麼樣的新目標？「今年明年的目標，希望測試集資預售。做這件事情有點像是game changing。以往體驗型式會被認為非常難預售，因為沒有人知道那是什麼。而且體驗型式商品也很容易被複製。」經過前兩件體驗作品能見度和討論度大開，當無光晚餐第二季在募資平台上線，很快地就完售前兩個半月的座位。

客人回饋及預售成果也鼓舞整個團隊，確定正在做的事是對的，更清楚勾畫未來——讓一個好的創意，運用自己的經驗，在最現實的資金和市場接受考驗並生存下來。

陳心龍說出他對現況的觀察：「台灣目前展覽跟活動是貿易逆差，厲害的設計師想自己做原創體驗，但成本可能太高，或不具備行銷、商業規劃、周邊商品的販售、物流、現金跟後續海外授權的經驗跟能力。所以我們接下來的計畫都希望用預售方式。一部分做驚喜製造自有品牌原創體驗，第二部分提供產生原創體驗需要的相關服務。結合驚喜製造品牌跟其他原創體驗，共同推出新的內容成為IP，最終希望把整套原創體驗輸出到國外。」

創業人脈最重要，補助資源幫忙站穩腳步

驚喜製造的漸入穩定，讓陳心龍確信台灣創業環境和市場，對新概念的東西擁有一定的接受度，但酸民負面文也少不了。團隊一開始也沮喪，但經過table for

驚喜製造 Surprise Lab. 三大獨特特色

01

鎖定中階、勇於嚐鮮的女性客群，顛覆既定餐飲服務的型態，以「沉浸式體驗」結合精緻料理設計，提供更多品嚐、感受美食與人生的方式。

02

挑戰市場的銷售規則，以線上募資預售模式，一次推出一個季度的時間表，如預購表演節目票券，藉由口碑行銷，讓「無法預測的飲食經驗」，成為市場認同、可獲利的商品。

03

賦予外場人員擁有更高的工作自由度，提供有趣的互動服務，和每一組體驗客人擦出不同火花，成為無可取代獨一無二的體驗價值。

ONE計畫，發現大部分的人心胸是開闊的，轉而思考如何感動這些人，然後從這些人慢慢影響更多人，將好的價值擴散出去。

一路受過各種幫助，他的切身經歷：「我覺得創業到現在，最難的都不是你會不會，而是你有沒有人可以問。最好先去相關公司或是職位待過，累積到人脈再創業。」而創業最實際的資金，他則是力薦創業者嘗試申請公部門的各種補助。「政府跟民間有非常多資源是願意資助創業者的，可以多找不同管道跟資源，就算金額不多也是有力的後援。」這也是他們相信的事：能生存，走對的路，做認為對的事，製造驚喜，讓生活不無聊。

驚喜製造 Surprise Lab. 團隊成員。

讀者獨家優惠 COUPON 使用需知

◆ 每張 coupon 卷僅限兌換一次，單次消費限用一張（影印無效），店家以蓋章或其他方式標示已使用作廢。

◆ 請於點餐或結帳前告知並出示本書優惠訊息，此優惠不得與其他優惠併用。

◆ 如遇假日或節日欲使用相關優惠請先致電詢問。

◆ 所有優惠均不得折抵現金或換購其它等值商品。

◆ 每店家優惠方式不同，請以各優惠內容為準，店家並保有提供優惠之品項與使用日期、使用期限等最終決定權。

coupon

人氣風格餐廳
讀者獨家優惠

風格餐廳創業學

PLAN B
歐陸街頭市集小酒館

2019／12／31 前，憑此張 coupon 消費滿 1500 元以上，贈送 House 紅酒一瓶。（不可與其他節日活動優惠合併）。

LaVie⁺麥浩斯

風格餐廳創業學

頁小館
RESTAURANT PAGE

2018／12／31 前，憑此張 coupon 單筆消費滿 $800 以上，可獲得招牌前菜「蒜味薯條沾香蔥雞汁美乃滋」乙份（價值 NT$120）。

LaVie⁺麥浩斯

風格餐廳創業學

Antico Forno
老烤箱義式披薩餐酒

2019／12／31 前，憑此張 coupon 消費滿 5000 元以上，可折抵 500 元。

LaVie⁺麥浩斯

風格餐廳創業學

VG Cafe' Taipei

2019／12／31 前，憑此張 coupon 用餐金額滿低消，即贈送「鮪魚醬／蒜味薯條／蝦夷蔥」乙份。

LaVie⁺麥浩斯

風格餐廳創業學

Dee 好得生活
南洋文化餐酒館

2019／12／31 前，憑此張 coupon 消費滿 2000 元以上，可折抵 100 元。

LaVie⁺麥浩斯

風格餐廳創業學

肉大人
Mr. Meat 肉舖火鍋

即日起至 2019／09／30，憑此張 coupon 消費滿 1000 元以上，可折抵 100 元。

LaVie⁺麥浩斯

風格餐廳創業學

URBN Culture

2019／12／31 前，憑此張 coupon 消費滿 500 元以上，可折抵 100 元（不限餐點飲料品項）。

LaVie⁺麥浩斯

讀者獨家優惠 COUPON 使用需知

◆ 每張 coupon 卷僅限兌換一次，單次消費限用一張（影印無效），店家以蓋章或其他方式標示已使用作廢。

◆ 請於點餐或結帳前告知並出示本書優惠訊息，此優惠不得與其他優惠併用。

◆ 如遇假日或節日欲使用相關優惠請先致電詢問。

◆ 所有優惠均不得折抵現金或換購其它等值商品。

◆ 每店家優惠方式不同，請以各優惠內容為準，店家並保有提供優惠之品項與使用日期、使用期限等最終決定權。

風格餐廳創業學

VEGE CREEK
蔬河

2018／12／31 前，憑此張 coupon 至 VEGE CREEK 蔬河延吉本店消費滿 300 元，贈送蔬河袋乙只；消費滿 500 元，贈送 5 周年紀念馬克杯乙個。

LaVie+麥浩斯

coupon

人氣風格餐廳
讀者獨家優惠

風格餐廳創業學

孔雀餐酒館
Peacock Bistro

2019／12／31 前，憑此張 coupon 消費滿 1000 元，即可得今日甜點乙份。

LaVie+麥浩斯

風格餐廳創業學

時寓。

2019／12／31 前，憑此張 coupon 消費滿 500 元以上，送 40 元小點乙碟。

LaVie+麥浩斯

風格餐廳創業學

渣男
Taiwan Bistro

2019／12／31 前，憑此張 coupon 消費，招待台式小菜乙碟。

LaVie+麥浩斯

風格餐廳創業學

貳房苑
Living Green

2019／05／31 前，憑此張 coupon 消費滿 1000 元以上，可折抵 100 元。

LaVie+麥浩斯

風格餐廳創業學

毛房蔥柚鍋
冷藏肉專門

2019／12／31 前，憑此 coupon 點套餐，套餐肉量加量 50%。

LaVie+麥浩斯

風格餐廳創業學

驚喜製造
Surprise Lab.

2019／11／18 前，至《無光晚餐》官網預購「無光晚餐冬季預售票」，輸入「LAVIEXSURPRISELAB」，即可折抵 100 元。

LaVie+麥浩斯

風格餐廳
創業学。

全方位解析18家特色餐廳、小酒館

從品牌定位、空間氛圍設計到MENU規劃、超人氣料理設計
打造出讓人想一去再去的「高回頭率經營法則」！

Restaurants & Bistros
18
選

作者　LaVie編輯部
責任編輯　黃阡卉
採訪撰文　王涵葳、陳慧珠、盧心權、陳婷芳、吳書萱
攝影　張藝霖、星辰映像 雷昕澄
封面設計　黃鈺傑
內頁設計　郭家振
行銷企劃　蔡函潔

發行人　何飛鵬
事業群總經理　李淑霞
副社長　林佳育
副主編　葉承享
出版　城邦文化事業股份有限公司　麥浩斯出版
E-mail　cs@myhomelife.com.tw
地址　104台北市中山區民生東路二段141號6樓
電話　02-2500-7578

發行　英屬蓋曼群島商家庭傳媒股份有限公司城邦分公司
地址　104台北市中山區民生東路二段141號6樓
讀者服務專線　0800-020-299（09:30～12:00；13:30～17:00）
讀者服務傳真　02-2517-0999
讀者服務信箱　Email: csc@cite.com.tw
劃撥帳號　1983-3516
劃撥戶名　英屬蓋曼群島商家庭傳媒股份有限公司城邦分公司

香港發行　城邦（香港）出版集團有限公司
地址　香港灣仔駱克道193號東超商業中心1樓
電話　852-2508-6231
傳真　852-2578-9337
馬新發行　城邦（馬新）出版集團Cite（M）Sdn. Bhd.
地址　41, Jalan Radin Anum, Bandar Baru Sri Petaling, 57000 Kuala Lumpur, Malaysia.
電話　603-90578822
傳真　603-90576622
總經銷　聯合發行股份有限公司
電話　02-29178022
傳真　02-29156275

製版印刷　凱林彩印股份有限公司
定價　新台幣450元／港幣150元
2022年9月初版2刷・Printed In Taiwan
ISBN 978-986-408-437-1

國家圖書館出版品預行編目（CIP）資料

風格餐廳創業學：全方位解析18家特色餐廳、小酒館，從品牌定位、空間氛圍設計到MENU規劃、超人氣料理設計，打造出讓人想一去再去的「高回頭率經營法則」！/ LaVie編輯部著. -- 初版. -- 臺北市：麥浩斯出版：家庭傳媒城邦分公司發行, 2018.10
面；　公分
ISBN 978-986-408-437-1(平裝)

1.餐飲業 2.創業

483.8　　107018286